평생 영어
**자신감**
4~7세에
만들어집니다

영어 뇌를 최적화하는 골든타임 엄마표 영어 코칭

# 평생 영어 자신감

고윤경(띵동 영어 재키쌤) 지음

# 4~7세에 만들어집니다

카시오페아
Cassiopeia

프롤로그

부모 세대가 영어 때문에 겪었던 어려움과 스트레스를 우리 아이들이 덜 겪게 하는 방법은 없을까요? 교과목이 아닌 의사소통의 도구로서 영어를 좀 더 자연스럽게 습득하고 활용하는 방법은 없을까요? 편안하고 재미있는 엄마표 영어가 딱 하나의 정답은 아니지만 한 가지 해답이 될 수 있습니다. 학교나 학원에서 영어를 공부로만 접했던 부모 세대와는 다르게 집에서 동요, 동영상, 그림책, 놀이 등을 통해 영어를 접한 아이들은 좀 더 편안하게 영어를 받아들일 수 있습니다. 그리고 이것은 평생 가는 영어 자신감이 됩니다. 아이들을 아직 싹트지 않은, 무한한 가능성을 지닌 씨앗에 비유하곤 합니다. 영어도 마찬가지입니다. 잊지 않고 물을 주고(영어 노출) 햇살(관심과 칭찬)을 비춰 주면 아이의 영어가 분명 어느 순간 싹틉니다.

바쁜 일상 속에서 어떻게 아이의 영어 자신감을 만들어 줄 수 있을까요? 핵심은 지속할 수 있는 시간표를 만들고 매일 실천하는 것입니다. 그러기 위해서는 먼저 엄마의 루틴을 점검해야 합니다. 엄마표 영어를 꾸준히 진행하려면 '엄마'의 몸과 마음의 상태가 중요합니다. 체력이 바닥이고 마음에 여유가 없다면 엄마표 영어는 커녕 육아만으로도 버거우니까요. 아이의 일상 루틴도 당연히 중요합니다. 이미 취침 시간이 일정하고 규칙적인 생활을 하고 있다면 일상 루틴에 엄마표 영어 루틴을 묶어 실천하기가 수월합니다.

'우리 집에 맞는 영어 노출 루틴'이 있으면 엄마표 영어를 진행하는 데 엄마의 시간과 에너지가 생각보다 많이 들어가지 않습니다. 아이는 편안한 집에서 동요, 영상, 그림책 등을 통해 차곡차곡 영어 인풋을 쌓아갈 수 있습니다. 하루 2~3시간씩, 3~4년이면 3,000시간 이상의 영어 노출이 가능합니다. 이렇게 쌓인 시간은 본격적으로 영어를 학습하고 연습해야 하는 시점이 되면 큰 힘을 발휘합니다.

이 책에서는 가장 먼저 엄마들이 많이 하는 질문에 대한 답을 정리해 두었습니다. 그다음 1부에서는 4~7세에 영어 노출을 시작하면 좋은 이유와 엄마표 영어 루틴이 무엇인지, 꾸준히 영어 노출 환경을 만들어 줄 수 있는 방법은 무엇인지 이야기했습니다. 또한 학습 스타일과 언어 발달 순서처럼 엄마표 영어를 시작하기 전에 알아 두면 좋을 사항에 대해서도 정리했습니다. 2부에서는 영어 동요, 동영상, 그림책, 생활 영어와 놀이, 파닉스와 읽기 연습까지 엄마표 영어 시간표에 넣어 실천할 수 있는 5가지 방법을 상세히 설명했습니다. 더불어 엄마표 영어를 바로 시작할 수 있도록 다양한 콘텐츠와 유용한 사이트들을 소개하고 참고할 수 있는 단계별 영어 시간표도 넣었습니다.

영어 울렁증이 있어도, 영어 유치원에 보내지 않아도, 비싼 전집과 교구에 비용을 쓰지 않아도, 누구나 마음만 먹으면 아이에게 충분히 영어 노출을 해 줄 수 있습니다. 엄마와 아이의 루틴을 점검하고 우리 집 상황에 맞는 지속 가능한 엄마표 영어 시간표를 만들어 실천해 보세요. 여러분이 시작하려는 엄마표 영어라는 여정에 이 책이 조금이나마 도움이 되길 진심으로 바랍니다.

고윤경(땡동 영어 재키쌤)

# 차례

**Part 01**

## 평생 가는 영어 자신감은 이렇게 만들어집니다

### 1장   4~7세가 영어 자신감을 키우는 적기다

### 2장   평생 영어 자신감, 답은 '루틴'에 있다

### 3장   루틴을 실천하기 전 파악해야 할 것들

**Part 02**

# 엄마표 영어를 위한
# 다양한 무기들

# 엄마들이 가장 많이 하는 질문들

**Q. 영어 울렁증이 있는 엄마도 엄마표 영어를 할 수 있을까요?**

엄마표 영어에 대해 가장 많이 하는 오해는 '엄마가 영어를 잘해야 한다'는 것이 아닐까 싶습니다. 영어 울렁증이 없는 엄마들이 좀 더 가벼운 마음으로 엄마표 영어를 시작하는 건 맞습니다. 그러나 무엇보다 중요한 것은 영어 울렁증이 있는 엄마든 영어를 잘하는 엄마든 '매일 엄마표 영어를 실천하는 것'입니다. 엄마표 영어 시간표를 만들고 루틴을 통해 매일 아이가 영어를 접할 수 있게 해 주는 것이죠.

**Q. 엄마표 영어, 시작하기가 너무 막막해요**

시작이 막막하다면 먼저 엄마표 영어 가이드 책을 몇 권 정독해 보세요. 영어교육 관련 네이버 카페 등에 가입해서 다른 엄마들과 정보를 공유하며 아이디어를 얻을 수도 있습니다. 혼자 엄마표 영어를 지속하는 것이 힘들다면 아이의 연령과 레벨에 맞는 온라인 프로젝트에 참여하며 영어 노출을 이어갈 수도 있습니다. DVD나 CD도 따로 구매할 필요 없이 넷플릭스, 디즈니 플러스, 유튜브, 네이버 오디오 클립 등에 있는 수많은 동영상과 음원을 손쉽게 활용할 수 있고요.

### Q. 엄마표 영어를 시도했다가도 바로 포기하게 돼요

누구나 엄마표 영어를 진행할 수 있는 시대지만 시작한 지 얼마 되지 않아 포기하거나 꾸준히 지속하지 못하는 이유가 뭘까요? 정보가 없어서, 자료나 콘텐츠가 없어서, 한 달에 몇만 원의 여유가 없어서 엄마표 영어를 지속하지 못하는 건 아닐 것입니다. 넘쳐나는 정보와 콘텐츠를 취사선택하며 엄마표 영어를 이어가려면 엄마의 소신과 우리 집 상황에 맞는 영어 노출 시간표가 필요합니다. 좋은 정보와 콘텐츠가 넘쳐나는 시대일지라도 우리 아이를 잘 아는 엄마의 소신이 없다면, 매일 실천하는 영어 노출 시간표가 없다면, 엄마표 영어를 몇 년간 지속할 수 없습니다.

### Q. 아이가 영어를 거부해요

처음 엄마표 영어를 시작할 때, 아이의 거부 반응 또는 무관심에 부딪힐 수 있습니다. 영어 영상 대신 우리말 영상을 보겠다고 하는 경우는 아주 흔합니다. 영어 그림책을 읽어 주려고 하면 자리를 피해 도망가는 아이도 있습니다. 이런 거부 반응을 보면 맥이 빠지고 더 이상 엄마표 영어를 시도하고 싶지 않은 마음이 듭니다.

그러나 아이들이 보이는 이런 거부 반응은 사실 당연한 것입니다. 모국어가 이미 편해진 아이들에게 지금까지 들어본 적 없는 '영어'라는 소리는 낯설게 느껴집니다. 우리 뇌는 익숙한 것을 좋아합니다. 그래서 새롭고 낯선 것을 접했을 때 정도의 차이는 있지만 누구나 거부 반응을 보일 수 있습니다. 처음 영어 노출을 시도할 때, 아이의 거부 반응을 너무 심각하게 여기며 엄마표 영어를 바로 포기하지는 마세요. 대신 아이가 좋아할 만한 영어 콘텐츠를 찾아 보여 주며 아이가 차츰 영어 소리에 익숙해질 수 있도록 해 주세요.

### Q. 엄마표 영어, 조금 하다 그만두게 돼요

엄마표 영어를 그만두는 이유를 꼽자면, 단연 엄마의 비교와 조급함이 아닐까 싶습니다. 엄마표 영어의 장점이 뭘까요? 아이의 성향과 기질, 학습 스타일, 습득 속도 등에 맞춰 차근히 진행할 수 있다는 것입니다. 엄마표 영어를 시작하고 단기간에 눈에 보이는 결과가 나타날 것이라는 기대는 내려놓아야 합니다.

대나무 중에서 최고로 치는 '모죽'이라는 대나무가 있습니다. 모죽은 아무리 물을 주고 가꿔도 심은 지 5년이 다 되도록 싹을 틔우지 않는다고 합니다. 5년이 지나면 그제야 죽순이 돋아나고 그때부터 하루에 수십 센티미터씩 자라나 6주 만에 30미터까지 자랍니다. 5년 동안 땅속에 깊고, 넓게 뿌리를 내리며 성장을 준비했기 때문에 강한 비바람이 불어도 쉽게 쓰러지지 않습니다. 이러한 모죽처럼 눈에 보이진 않지만 아이의 영어가 튼튼한 뿌리를 내리고 있는 중이라고 엄마가 먼저 믿어야 합니다. 그리고 엄마표 영어 시간표를 바탕으로 매일 '영어'라는 가랑비를 몇 년 동안 꾸준히 내려주어야 합니다.

**Q. 엄마표 영어보다는 영어 유치원을 가는 게 낫지 않을까요?**

'영어 유치원에만 보내면 자연스럽게 영어를 습득하겠지'라고 믿는 부모님들이 많습니다. 영어 유치원만 다니면 과연 모든 아이가 자연스럽게 영어를 습득할까요? 영어 유치원에 다니며 빠르게 영어를 습득하는 아이들도 물론 많습니다. 하지만 낯선 환경과 언어에 스트레스를 받고, 영어라면 진저리를 치는 아이들도 분명 있습니다. 아이들의 정서 발달, 뇌 발달, 언어 발달에 있어 학령기 전 몇 년은 아주 중요한 시기이므로 영어 유치원에 보내기 전 아이의 기질과 성향, 발달 상황 등 여러 가지를 충분히 고려해야 합니다. 기질이 예민하고 우리말 발달이 늦은 아이를 영어 유치원에 보내면 어떨까요? 쉽게 적응하지 못할 뿐만 아니라 모국어 발달까지 늦어질 수 있습니다. 모국어 발달이 늦어지면 사고력을 비롯한 다른 발달도 늦어질 수밖에 없습니다.

영어 유치원이 우리 아이의 언어 발달뿐만 아니라 정서와 인지 발달에도 괜찮을 것이라는 확신이 없다면 혹은 영어 유치원에 보내는 것이 경제적으로 부담된다면 굳이 무리해서 보내지 마세요. 영어 유치원에 보내며 기회 비용를 치르고 여러 가지 리스크를 감수하는 대신 영어 유치원비의 1/10의 비용으로도 집에서 얼마든지 효과적으로 영어 노출을 해 줄 수 있습니다.

### Q. 아이를 영어 유치원에 보내려고 하는데요

충분한 고민 끝에 영어 유치원을 보내기로 했다면 여러 가지를 살펴봐야 합니다. 일반 유치원은 국가에서 제공하는 누리과정*을 바탕으로 놀이 중심 활동을 합니다. 영어 유치원은 모두 학원으로 등록되어 있고 개별적인 프로그램으로 운영됩니다. 그러니 프로그램과 커리큘럼도 잘 따져 봐야 합니다. 한국 사람이라고 아이들에게 한국어를 잘 가르칠까요? 당연히 아닙니다. 원어민도 마찬가지입니다. 영어가 모국어라고 해서 영어를 잘 가르치거나 아이들과 상호 작용을 잘하는 건 아닙니다. 원어민 선생님의 자질과

---

\* 우리나라 유치원과 어린이집에 다니고 있는 만 3~5세 유아들이 기관의 유형에 상관없이 공통 교육과정을 경험하는 교육정책이다. 유아교육·보육의 질을 높이고 유아학비보육료를 국가가 부담함으로써 생애 초기 출발점 평등을 보장받을 수 있도록 마련했다. <2019 개정 누리과정>은 '유아가 행복하고 존중받을 수 있는 놀이 중심 교육과정'이다. 현상의 나양싱과 지율싱이 최대한 발휘되도록 개정했다 「네이버 지식백과] 누리과정(키워드로 보는 정책, 대한민국 정책브리핑)

경력도 지나치지 말고 살펴봐야 합니다. 아이를 학습식 영어 유치원에 보내는 경우, 매일 집에서 해야 하는 숙제가 많다는 점도 염두에 두어야 합니다. 집중하는 시간도 짧고 공부 습관도 잡히지 않은 취학 전 아이들이 집에서 영어 숙제를 하려면 대부분 엄마 아빠의 도움이 필요합니다.

### Q. 영어 그림책을 읽어 주는 게 부담스러워요

엄마표 영어 초반에 아이에게 읽어 주는 그림책들은 페이지 수도 적고 한 페이지당 문장의 개수도 1~2개밖에 되질 않습니다. 시작하기로 마음먹기가 어렵지 막상 영어 그림책을 살펴보면 아무리 영포자 엄마라도 충분히 읽을 수 있습니다. 생소한 단어가 설령 몇 개 나오더라도 네이버 사전에서 발음과 뜻을 찾아보고 읽어 주면 됩니다.

시간과 에너지가 된다면 원어민이 그림책을 읽어 주는 리드 어라우드(Read Aloud) 영상을 유튜브에서 찾아 참고할 수 있습니다. 엄마표 영어 초반, 영어를 처음 접하는 아이들은 엄마가 영어를 못하는 사람이라고 생각하지 않습니다. 엄마의 발음을 평가하지도 않습니다. 그저 세상에서 제일 사랑하는 엄마가 나를 위해 읽어 주는 이야기에 귀 기울이며 마음의 안정을 느끼고 사랑받고 있다고 느낍니다.

## Q. 엄마표 영어를 하고 싶지만 경제적으로 부담돼요

아이의 취향이 어떤지 제대로 파악되지 않은 엄마표 영어 초반부터 몇백만 원짜리 전집을 살 필요는 전혀 없습니다. 막상 전집을 사더라도 아이가 좋아하는 책만 반복해서 보고 나머지 책은 보지 않을 가능성이 높습니다. 비싼 전집이나 DVD, 교구 등을 구매하면 비용만큼의 효과를 당연히 기대하게 되지만 나타나는 효과나 아이의 반응이 기대에 미치지 못할 수도 있습니다. 무리하게 지출한 비용을 떠올리며 부모가 스트레스를 받으면 아이에게도 은연중에 좋지 않은 영향이 갑니다. 즐겁고 느긋하게 이어져야 할 엄마표 영어는 경제적으로 큰 부담 없이 얼마든지 진행할 수 있습니다.

## Q. 가성비 좋은 영어교육 방법이 있을까요?

약간의 시간과 에너지를 들이면 얼마든지 가성비 좋은 엄마표 영어를 진행할 수 있습니다. 까이유, 페파피그, 맥스 앤 루비 등과 같은 유명 TV 시리즈는 모두 유튜브에서 무료로 볼 수 있습니다. 비싼 DVD를 따로 구매할 필요가 없습니다. 넷플릭스나 디즈니 플러스를 구독 중이라면 월 1만 원 정도로 다양한 키즈 영상들을 아이 연령과 레벨에 맞게 활용할 수 있습니다.

그림책은 한꺼번에 몰아서 구매하는 대신 한 달 책 구입 비용을 정하고 예산 내에서 구매하세요. 원하는 그림책을 모두 사기에는 그림책 가격도 만만치 않지요? 여러 번 두고두고 볼 그림책이나 좋아하는 작가의 책은 구매를 하고 나머지 책은 주변 도서관과 중고서점, 중고거래 플랫폼 등을 이용하면 비용을 훨씬 줄일 수 있습니다. 워크시트나 도안도 구글에서 원하는 주제로 검색한 후 이미지 탭을 클릭해서 출력할 수 있습니다.

아이에게 영어 노출을 해 주고 싶은데 경제적으로 부담이 되거나, 이것저것 알아볼 여력이 되지 않는다면 너무 오래 고민하지 마세요. 몇십만 원짜리 전집이나 DVD 세트를 사는 대신 적은 돈으로 우선 가볍게 시작해 보세요. 시간은 기다려 주지 않고 아이들은 금세 자랍니다.

### Q. 엄마표 영어는 엄마표 노가다 아닌가요?

아이를 위한 놀이와 학습자료를 엄마가 시간과 정성을 들여 직접 만드는 것을 '엄마가 하는 노가다', 줄여서 '엄가다'라고 합니다. 엄마표 영어에서는 음원 스티커 작업, 영상 QR 작업, 독후 활동지 만들기, 교구 만들기 등을 엄가다로 하시곤 합니다. 인스타그램에서 #엄가다로 검색해 보세요. 몇 날 며칠 시간과 정성을 들인 엄가다 자료를 쉽게 찾아볼 수 있습니다.

엄마의 시간과 노력이 많이 들어가는 '엄가다'가 엄마표 영어를 진행하는 데 꼭 필요할까요? 당연히 아닙니다. 엄가다 대신 지속 가능한 '우리 집 영어 시간표'를 만들고 실천하는 일에 중점을 두세요. 멈춰 있는 돌덩이를 굴리려면 처음에는 '끙' 하고 힘을 줘야 하잖아요? 일단 돌덩이가 굴러가기 시작하면 힘이 덜 들어가는 것처럼 엄마표 영어도 마찬가지입니다. 시간표대로 루틴이 자리 잡고 안정적으로 굴러가기 시작하면 엄마가 써야 할 시간과 에너지는 차츰 줄어듭니다.

# 평생 가는
# 영어 자신감은
# 이렇게 만들어집니다

# 4~7세가 영어 자신감을
키우는 적기다

## 엄마표 영어를 4~7세에 시작해야 하는 이유

"엄마, 나 이 곰돌이 다른 책에서도 봤었어."

"응? 그래? 어떤 책에서 봤어?"

"잠깐만…."

잠자리에서 아이에게 새로 산 영어 그림책을 읽어 준 후였습니다. 아이가 그림책 표지 한 귀퉁이에 작게 그려진 출판사 로고를 손가락으로 가리켰습니다. 촛불을 들고 있는 곰돌이 모양의 워커 북스(Walker Books) 로고였습니다. 어느 책에서 봤냐고 묻자 아이는 같은 로고가 그려져 있는 그림책 몇 권을 책장에서 찾아왔습니다. 작은 로고도 무심히 지나치지 않고 기억하고 있는 아이가 신통하다는 생각이 들었습니다.

육아를 하다 보면 아이들의 능력에 깜짝 놀라는 순간들이 있지요? 어떤 아이들은 지나가는 말 한마디, 잠깐 본 그림처럼 사소한 것도 놓치지 않고 기억합니다. 어려운 공룡 이름을 훤히 꿰고 있기도 합니다. 알파벳도 모르지만 좋아하는 영어 그림책 내용을 줄줄 외우는 아이들도 있습니다. 이때 부모들은 '아이들은 정말 스펀지구나.' 새삼 깨닫기도 하고 '우리 아이가 혹시 영재인가?' 흐뭇한 기대를 하기도 합니다.

아이들은 주변의 많은 정보를 그저 심상하게 받아들이는 어른들과는 다릅니다. 뇌 발달 측면에서 보더라도, 호기심 가득 찬 눈으로 세상을 바라보는 아이들은 스펀지가 맞습니다. 특히 4~7세 시기에는 많은 정보를 받아들일 수 있게 하는 물질이 활성화되어 뇌를 자극합니다. 그래서 놀랍도록 많은 정보를 흡수할 뿐만 아니라 새로운 언어를 꾸준히 접하는 경우 자연스럽게 그 언어를 습득할 가능성이 높습니다.

초기 언어 발달과 뇌 발달에 관한 연구로 유명한 미국 워싱턴대의 교수 패트리샤 쿨(Patricia Kuhl)은 새로운 언어를 빠르게 습득할 수 있는 결정적 시기가 있다고 말합니다. 아이들은 태어나서 7살이 되기 전까지는 천재적으로 언어를 습득할 수 있지만 이후에는 뇌 발달상 그 능력이 차츰 떨어지고 사춘기가 지나면서는 새로운 언어를 배우는 것이 힘들다고 합니다.

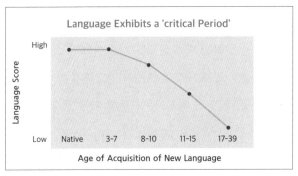

패트리샤 쿨의 테드 강연 <The linguistic genius of babies> 중에 소개된 그래프
https://www.ted.com/talks/patricia_kuhl_the_linguistic_genius_of_babies

언어 발달에는 우리 뇌의 베르니케 영역과 브로카 영역이 작용
합니다. 베르니케 영역은 좌뇌의 옆쪽인 측두엽에 위치하고 있으
며 언어의 이해를 담당합니다. 브로카 영역은 좌뇌의 앞쪽인 전
두엽에 위치하고 있으며 언어의 생성 및 표현을 담당합니다. 미국
코넬대학교의 연구에 따르면 만 7세 이전에 외국어를 익혀서 모
국어와 외국어에 유창한 학습자는 브로카 영역에서 두 언어가 처
리되는 부분이 겹쳤습니다. 그러나 11세 이후에 외국어를 배운 경
우, 브로카 영역에서 두 언어를 처리하는 부분이 달랐습니다. 간
단히 말하자면 만 7세 이전에 외국어를 익히는 경우, 언어의 생
성 및 표현을 담당하는 좌뇌의 브로카 영역에서 모국어와 외국어
가 처리되는 부분이 겹치므로 보다 수월하게 외국어를 구사힐 수

있다는 뜻입니다.

물론 취학 전 아이들은 뇌 발달상 본격적으로 학습할 준비가 아직 되어 있지 않습니다. 아이들의 인지 발달, 정서 발달, 신체 발달에 맞지 않는 무리한 학습은 코르티솔이라는 스트레스 호르몬을 나오게 합니다. 스트레스 호르몬이 과도하게 분비되면 정서 불안, 기억력 저하, 면역력 약화 등의 문제가 생길 수 있습니다. 아이가 스트레스를 덜 받으며 자연스레 영어를 습득하길 바란다면 무리한 학습을 시켜서는 안 됩니다. 대신 함께 영어 동요 부르기, 영어 그림책 읽으며 대화하기, 영어 놀이 등 아이가 엄마와 상호작용하며 재미를 느낄 수 있는 방법으로 영어 노출을 해 줄 수 있습니다.

꾸준히 영어 소리에 노출된 아이들은 아직 말랑말랑한 뇌로 영어를 받아들이고 습득해 나갑니다. 모국어 이외의 언어를 접하고 구사하면 뇌 발달에도 도움이 됩니다. 이중 언어를 구사하는 바이링구얼(bilingual)이 두 가지 표현 시스템을 가진 덕분에 사고방식이 유연하고 창의적이라는 사실은 여러 연구에서 밝혀졌습니다.

2021년 카이스트와 예일대 연구진이 만 7~9세 아동 1,000명을 분석한 결과, 이 시기에 외국어를 구사하는 아동은 모국어만 쓰는 아동보다 인지능력이 뛰어나고 뇌 신경망이 발달해 있다고 합니다(영어 일찍 가르치길 잘했네… 아홉 살 우리 애 뇌 발달 보니 2021.12.10 매일 경제).

뇌 발달상 주변의 정보를 스펀지처럼 흡수하는 4~7세 아이들에게 영어 학습을 억지로 시킬 필요는 없습니다. 대신 엄마표 영어를 통해 편안한 환경에서 매일 영어 노출을 해 주세요. 그러면 "어린 시절 배운 것은 돌에 새겨지고 어른이 되어서 배운 것은 얼음에 새겨진다."라는 시인 데이비드 커디안(David Kherdian)의 말처럼 아이들은 모국어 이외의 언어도 자연스럽게 받아들일 수 있습니다.

## 4~7세는 영어의 어순과 발음을 체화할 수 있는 시기

어학원 강사로 일하던 시절, 영어 공부를 자전거 타기에 비유해 설명하곤 했습니다. 자전거 타기와 영어 공부에는 어떤 공통점이 있을까요? 자전거 탈 때를 한번 떠올려 보세요. '양발을 어떻게 해야 한다, 시선은 어디에 둬야 한다, 넘어지려고 할 때 균형을 잡기 위해서 핸들을 어느 방향으로 돌려야 한다'처럼 하나하나 생각하면서 자전거를 타지는 않습니다. 대부분 별생각 없이 그저 얼굴에 와 닿는 시원한 바람을 느끼며 페달을 돌리고 앞으로 나아갑니다.

자전거 타기처럼 반복적인 연습과 훈련을 통해서 '몸'으로 체득할 수 있는 지식을 암묵적 지식이라고 합니다. 암묵적 지식은 의식적 학습을 통해 얻게 되는 명시적 지식과 달리 사기 자신도 모르는 경우가 많습니다. 그저 뇌와 몸이 자동적으로 반응하고 움직이는 것이죠. 자전거 타기와 마찬가지로 반사적으로 영어 문장을 말하고 쓱쓱 써 내려갈 수 있으려면 영어도 부단한 연습이 필요합니다.

EBS 지식 프라임에서 제작한 〈젓가락질, 골프, 영어의 공통점〉이라는 제목의 영상에서는 '익힘을 통해 얻어지는 암묵적 지식'과 '배움을 통해 얻어지는 명시적 지식'에 대해 이야기합니다. 골프를 예시로 들며 프로 골퍼들과 초보자들은 공을 치는 순간 사용하는 뇌의 부위가 완전히 다르다는 연구 결과를 보여 줍니다. 아마추어 골퍼는 명시적 지식을 활용하기 위해 뇌의 다양한 부위를 사용하지만 프로 골퍼들은 아주 특정한 부위의 뇌만을 조금 사용하는 것으로 나타났습니다.

젓가락질과 골프, 그리고 자전거 타기와 마찬가지로 영어를 잘하기 위해서는 암묵적 지식이 필요합니다. 4~7세는 자전거 타기를 배우기 좋은 나이일 뿐만 아니라 꾸준한 소리 노출을 통해 영어에 대한 감을 키울 수 있는 시기입니다. 영어를 유창하게 구사하기 위해서 필요한 암묵적 지식을 쌓아가는 준비 기간이기도 합니다.

빈칸에 들어갈 알맞은 형태는?

I saw Tom _____ into his car and drive away.

1) get  2) to get  3) got  4) gotten

문법과 독해 위주로 영어를 배운 엄마 아빠 세대는 위와 같은 영어 문제를 풀 때 명시적 지식을 이용합니다. 'see가 지각 동사이고 목적어 다음에 목적격 보어가 오는데 목적격 보어 자리에는 동사 원형이나 ing 형태가 와야 한다. 그러므로 답은 1)번이다.' 그러나 영어 노래로, 그림책으로, 영상으로 영어를 접한 아이들은 그동안 보고 들은 문장을 바탕으로 1) get을 고를 수 있습니다. 왜 get이 답이냐고 물으면 명시적 설명은 하지 못하고 "그냥."이라고 답할 가능성이 높습니다.

말하기나 쓰기를 능숙하게 하기 위해서도 반드시 암묵적 지식을 충분히 쌓아야 합니다. 우리말과 영어의 가장 큰 차이점 중 하나는 바로 '어순'입니다. 세상에 있는 모든 언어를 두 가지로 나눈다면 주어+동사+목적어(S+V+O)의 구조를 가진 언어와 주어+목적어+동사(S+O+V)의 구조를 가진 언어로 나눌 수 있습니다. 우리말은 주어+목적어+동사의 구조를 가진 언어이고 영어는 주어+동사+목적어의 구조를 가진 언어로 어순이 반대입니다.

**난 너를 사랑해. [주어+목적어+동사]**

I love you. [주어+동사+목적어]


조금 더 긴 아래 두 문장을 비교해 보면 어순이 완전히 반대라는 걸 더 확실히 알 수 있습니다.


**나는 어젯밤 10시에 혼자 영화를 보러 갔다.**

I went to the movies alone at 10 o'clock last night.


단어나 문법을 공부해도 영어 문장을 말하거나 쓰는 것이 결코 쉽지 않지요? 그 이유 중 하나는 우리말과 구조가 다른 영어의 어순이 체화되지 않았기 때문입니다. 영어 영상, 그림책, 동요 등으로 꾸준히 영어 소리를 듣고 영어 문장을 접한 아이는 자기도 모르는 사이에 영어의 어순에 익숙해집니다. 의식하고 있진 않지만 머릿속에 영어 문장 구조가 천천히 스며드는 것입니다. 본격적으로 영어를 말하고 쓰는 연습을 하면 몇 년간 축적된 인풋이 제대로 효과를 발휘합니다.

저는 몇 년간 아이에게 영어 소리 노출을 꾸준히 해 준 후, 교육부 지정 초등 영단어 800개가 실린 어휘집을 구매했습니다. 초등학생이 된 아이와 함께 단어를 살펴보니 뜻은 이미 대부분 알고 있었습니다. 영어 문장 쓰기는 싫다고 해서 제가 단어 하나를 말하면 아이가 바로 문장을 만들어 말하는 연습을 했습니다.

"오! 그 문장은 어떻게 알았어?"

"몰라. 책에서 본 것 같은데….."

"그래? 그걸 다 기억하고 있어? 대단하다!"

그동안 읽었던 책을 통해 알게 된 문장, 영상에서 들었던 문장들 중에서 특정 단어가 들어간 문장을 떠올리고 거침없이 말하는 모습을 보니 절로 흐뭇한 미소가 지어졌습니다. 또 아이의 영어 발음 변화를 지켜보며 감탄하기도 했습니다. 우리말에 없는 영어 발음, 예를 들어 th, f, v, r, z 등을 '이렇게 발음해야 한다, 저렇게 발음해야 한다'며 명시적으로 따로 설명해 준 적은 없습니다. 하지만 어느샌가 정확한 영어 발음을 하기 시작했습니다. 뿐만 아니라 단어 안에서의 강세, 문장 안에서의 인토네이션 등 우리말에 없는 영어의 특징을 누가 가르쳐 주지 않아도 자연스럽게 습득해 나갔습니다.

학령기 이전부터 영어 소리를 꾸준히 들어온 아이들은 따로 시간과 노력을 들이지 않았음에도 발음 역시 자연스럽고 정확한 경우가 많습니다. 언어 발달과 뇌 발달이 폭발적으로 일어나는 이 시기의 아이들은 말랑한 귀와 혀로 영어 소리를 잘 받아들이고 잘 모방하고 습득합니다. 반면 성인들은 입 모양, 혀의 위치, 발음 요령 등에 관한 설명을 듣고 연습을 여러 번 해노 그때뿐, 다시 원래

발음으로 돌아가곤 합니다. 변화를 좋아하지 않는 성인의 뇌와 혀
는 그동안 많이 듣지 못했던 소리 대신 익숙한 소리를 내려고 하
는 것이죠.

외국어 발음에 있어서 어린 시절 꾸준한 소리 노출이 중요한 역
할을 한다는 연구 결과들이 있습니다. 언어학자 바바라 A. 바우
어(Barbara Abdelilah-Bauer)는 『이중언어 아이들의 도전』이라는 책
에서 "발음 교정 전문가들은 제2언어를 시작하기 가장 좋은 나이
가 4살 정도라고 한다. 이때가 초기 언어 시스템이 정착되어 다른
언어로부터의 '오염'을 피할 수 있는 시기라는 것이다."라고 말합
니다. 학령기 이전부터 꾸준히 영어 소리를 들어 온 아이들은 그
소리들을 뇌에 저장합니다. 그리고 그렇게 익숙해진 소리들을 제
대로 발음할 수 있는 뇌의 회로가 성인보다 빠르게 만들어집니다.
어린 시절 영어 발음을 체화한 아이들은 발음 교정에 많은 시간과
노력을 따로 들이지 않아도 됩니다. 정확하고 자연스러운 발음은
학령기 이전 소리 노출로 얻게 되는 이점 중 하나입니다.


## 4~7세 습관이 평생 간다


"Old habits die hard(오래된 습관은 고치기 힘들다)."라는 영어 속
담이 있습니다. 우리말에도 "세 살 버릇 여든까지 간다."라는 비슷

한 뜻의 속담이 있지요. 동서양 선조들이 강조하셨듯, 어린 시절 생긴 안 좋은 습관은 버리기가 힘듭니다. 이 말을 뒤집으면 '어린 시절 생긴 좋은 습관은 오래간다.'라는 뜻입니다. 평생 갈 좋은 습관을 잡아줄 수 있는 시기를 넓게 보자면 취학 전 3~4살 무렵부터 10살까지입니다. 초등 4학년만 되어도 이미 예비 사춘기라 엄마가 하는 말들을 잔소리로 여기기 십상입니다. 이미 자리 잡은 습관을 바꿔주거나 새로운 습관을 잡아주기가 쉽지 않습니다.

당연히 해야 할 일들은 당연하게 할 수 있도록 어린 시절부터 가르치고, 따로 말하지 않아도 스스로 할 때까지 반복해서 알려 줘야 합니다. 외출하고 돌아오면 바로 손 씻고 옷 갈아입기, 벗은 옷은 빨래통에 넣기, 외투는 옷걸이에 걸기, 식사 전 손 씻기, 식사할 때 돌아다니지 않기, 식사 후 다 먹은 그릇은 개수대에 가져다 놓기, 하루 한 가지 감사하기, 오늘 할 일 적기, 가급적 탄산음료 먹지 않기 등은 제가 아이에게 가르쳐 주고 있는 기본적인 생활 습관입니다. 이미 잘 자리 잡힌 습관도 있고 아직 계속 알려 줘야 하는 습관도 있습니다.

이런 기본적인 생활 습관 이외에 시간과 공을 들여 아이에게 만들어 주고 있는 습관은 책 읽기 습관입니다. 엄청난 다독가는 아니지만 살면서 책이 가진 힘을 여러 번 경험했던 저로서는 아이가 무엇보다 책 읽는 습관을 가지길 바라고 있습니다. 그래서 아이가 3~4살 되었을 무렵부터 거의 매일 밤 영어책과 한글책을 읽어 주었습니다. "아이는 부모의 등을 보고 자란다."라는 말을 떠올리며 아이에게 책 읽는 엄마의 모습도 수시로 보여 주고 있습니다. 일주일에 한두 번은 아이와 함께 도서관에 가고 기회가 될 때마다 서점에 갑니다.

몇 년간 엄마 아빠와 매일 밤 그림책을 보고 듣고 읽은 아이는 책을 즐겨 읽는 애독가로 자라고 있습니다. 학교 사서 선생님이 따로 책을 추천해 주실 정도로 참새가 방앗간 드나들 듯 도서관을 애용하고 있습니다. 읽은 책이 재미있으면 신이 나서 그 책에 대해 이야기하고 자신의 취향에 맞는 책을 스스로 찾아 읽습니다. 가끔은 뜬금없이 자기는 책을 너무 사랑한다고 외쳐서 저를 웃게 만들기도 합니다.

아이가 책을 거들떠도 안 본다고 푸념하는 지인에게 차마 묻지 못하고 삼킨 질문이 있습니다. 매일 밤 아이에게 책을 읽어 주고 있나요? 주기적으로 아이를 도서관이나 서점에 데리고 가나요? 아이 취향의 재미있는 책을 찾아 추천해 주고 있나요? 엄마 아빠가 집에서 자주 책을 읽나요? 나이가 들수록 하루아침에 저절로 이루어지는 일은 아무것도 없다는 걸 뼈저리게 느낍니다.

육아만큼 시간과 공을 들이며 기도하는 마음으로 기다려야 하는 일도 없습니다. 아이의 10년 후를 그려보세요. 아이가 살면서 벽에 부딪칠 때, 책을 펼쳐 지혜와 위로를 구하고 책 속에서 재미와 의미를 찾는 사람으로 자라길 바라시나요? 그렇다면 습관이 만들어지는 취학 전 시기부터 아이와 함께 도서관과 서점에 가고, 재미있는 책을 소개하고, 매일 밤 기꺼이 책을 읽어 주세요.

4~7세는 기본적인 생활 습관과 책 읽기 습관을 잡아줄 수 있는 시기입니다. 더불어 매일 영어 영상 보기, 영어 그림책 읽기 등을 양치질처럼 매일 하는 일로 받아들일 수 있는 시기이기도 합니다. 귀와 입 그리고 뇌가 아직 굳지 않은 어린 시절부터 매일 습관처럼 영어를 접한 아이들은 영어를 학습하고 훈련해야 하는 시점이 왔을 때 매일 영어 낭독, 쓰기, 읽기 등의 습관도 보다 수월하게 만들어 갈 수 있습니다.

# 평생 영어 자신감,
답은 '루틴'에 있다

## 엄마표 영어 루틴이란?

아이가 유치원생 때, 동네 엄마 몇 명과 안면을 트고 이런저런 이야기를 나누곤 했습니다. 다들 한창 아이 키우는 시기라 아무래도 육아와 교육에 대한 이야기가 많았습니다. 어느 날, 한 엄마가 저에게 엄마표 영어를 어떻게 시작하면 좋을지 넌지시 물었습니다. 영어 동요로 시작해 보라고 얘기해 주고 카톡으로 자료도 보내 주었습니다. 며칠이 지나, 아이에게 영어 동요를 들려줬더니 좋아한다며 감사 인사를 전해왔습니다. 그런데 그 이후로는 뭘 더 하면 좋을지, 다른 자료는 없는지 더 이상 묻거나 얘기하지 않더

군요. 오지랖 넓고 성격 급한 제가 먼저 물었습니다.

"그때 내가 얘기해 줬던 슈퍼 심플송(Super Simple Songs), 지금도 틀어주고 있어요?"

"아, 처음에 좀 틀어주긴 했는데…."

"계속 틀어줘야 효과가 있어요."

"맨날 정신없어서 자꾸 깜빡하게 되더라고요."

"에고, 그죠. 엄마들이 워낙 바쁘고 정신없으니까."

아이의 반응은 좋았지만 몇 번 틀어주고 더 이상 노출하고 있지 않았습니다. 아이 둘을 키우며 바쁘게 사는 엄마라 충분히 이해가 됐습니다. 오프라인, 온라인에서 만나는 분들을 보면 엄마표 영어를 시도는 하지만 꾸준히 실천하지 못하는 경우가 많습니다. 집안일 하랴, 밥하랴, 육아하랴, 워킹맘이면 회사 일까지… 정신없이 바쁜 일상을 보내다 보니 피곤하기도 하고 자꾸 깜빡하게 됩니다.

바쁘게 돌아가는 일상 속에서 잊지 않고 아이에게 영어 노출을 해 주려면 '우리 집만의 엄마표 영어 루틴'이 있어야 합니다. '엄마표 영어 루틴'은 아이에게 영어 노출 환경을 만들어 주기 위해 우리 집 상황과 아이의 일상 루틴에 맞춰 일정한 시간대에 반복할 수 있는 일이어야 합니다. 엄마 컨디션이 좋을 때만, 또는 내킬 때만 반짝하는 것이 아닌 비가 오나 눈이 오나 큰 부담 없이 할 수 있는 일이어야겠지요. 아침마다 영어 음원 들려주기, 저녁 식사 후 영어 동영상 보여 주기, 자기 전에 영어 그림책 1권 읽어 수기처럼 매일 실천할 수 있겠다 싶은 일들이 무엇인지 생각해 보세요.

습관 만들기 전문가들은 새로운 습관을 만드는 방법으로 해빗 스태킹(Habit Stacking) 또는 해빗 체이닝(Habit Chaining)을 제시합니다. 이미 매일 하고 있는 일상적인 행동에 새로운 습관을 쌓거나(stack), 묶으면(chain) 새롭게 만들고자 하는 습관을 잊지 않고 지속적으로 실행할 수 있다는 것입니다. 이 방법대로 일상 루틴에 엄마표 영어 루틴을 묶어서 실천해 보세요. 예를 들어, 영어 동요 흘려듣기를 아침 루틴으로 만들고 싶으면 '아침 식사+영어 동요 흘려듣기'로 묶으세요. 아침 식사를 식탁에 차리고 오디오 재생 버튼 누르는 행동을 반복하세요. 이렇게 일상 루틴에 엄마표 영어 루틴을 더하면 아침 식사처럼 매일 반복하는 일이 일종의 신호가 되어 영어 노출을 잊지 않고 해 줄 수 있습니다.

엄마표 영어 루틴을 일상 루틴과 묶어 꾸준히 진행하면 영어 영상 보기, 영어 그림책 읽기, 영어 동요 듣기 등의 영어 노출 환경을 아이가 자연스럽게 일상으로 받아들이게 됩니다. 뇌가 말랑말랑한 시기부터 편안한 집에서 엄마와 소통하며 매일 영어를 접하며 차곡차곡 영어 인풋을 쌓아갈 수 있습니다. 이렇게 쌓인 인풋은 영어를 '학습'하고 '연습'해야 하는 시점이 되면 큰 힘을 발휘합니다.

영어 소리를 들어 본 적 없는 아이와 몇 년간 영어를 듣고 본 아이가 파닉스를 배운다고 생각해 보세요. 처음 영어를 접하는 아이에게 파닉스부터 들이미는 것은 '영어는 지루하다, 어렵다'는 생각을 심어줄 가능성이 아주 높습니다. 어릴 때부터 영어 울렁증이 생기기 시작하는 것이죠. 반면 몇 년간 귀로 영어 소리를 듣고 눈으로 영어 문장을 봐온 아이들은 비록 똑같은 까막눈이지만 이미 들어 본 소리를 문자와 연결하고 규칙을 깨달으며 효과적으로 파닉스를 익힐 수 있습니다.

저는 아이가 만 3세가 되었을 때, '저녁 식사 후 후식+영어 동영상 보기, 양치질+영어 그림책 읽기'처럼 일상적으로 하는 일에 엄마표 영어 루틴을 묶었습니다. 그러니 엄마표 영어 루틴도 저녁 식사, 양치질처럼 일상적으로 반복하는 일이 되어 거의 매일 잊지 않고 실천할 수 있었습니다. 엄마표 영어 시간표를 통해 하루 2시간 이상, 거의 매일 영어 노출을 해 주었고 2,000시간 이상의 인풋이 쌓였을 7세 후반, 파닉스와 리더스북 읽기를 시작했습니다. 아이는 제가 생각했던 것보다 구어로 알고 있는 단어와 표현이 훨씬 많았고 시간이 좀 걸리긴 했지만 큰 어려움 없이 파닉스를 익히고 읽기를 시작할 수 있었습니다.

학원에서 바로 파닉스부터 배우는 것보다 집에서 영어 노출을 먼저 해 주는 것이 훨씬 효과적이라고 주변 지인들에게, 제가 운영하는 엄마표 영어 카페 회원들에게 강조하곤 합니다. 바쁜 일상 속에서 엄마표 영어를 해야지, 해야지 생각만 하다가 초등 입학을 앞둔 아이를 영어 학원에 보냅니다. 영어 소리 인풋이 턱없이 부족한 아이는 파닉스 학습을 당연히 힘들어합니다. 그런 아이를 보며 그제서야 '진작 영어 노출을 해 줄 걸.' 후회하는 경우가 많습니다.

영어를 학원이나 학교에서 해야 하는 지루한 공부로만 여기지 않도록 엄마표 영어 루틴을 만들고 실천하며 영어 노출 환경을 만들어 주세요. 아이는 영어를 집에서 일상적으로 듣고 보는 것으로 여기며 친숙하게 받아들입니다. 큰 스트레스 없이 영어 단어와 문장 구조를 습득하고 영어 소리의 특성을 체화하며 자연스럽게 인풋을 쌓아갑니다. 영어에 대한 긍정적인 정서와 효능감도 가질 수 있습니다. 뿐만 아니라 엄마와 소통하고 교감하는 시간을 통해 평생 가지고 갈 정서 통장도 차곡차곡 채워 나갈 수 있습니다.

## 포인트는 '지속성'이다

일상 루틴과 묶은 엄마표 영어 루틴이 안정적으로 굴러가려면 먼저 일상이 안정적이고 변수가 많지 않아야 합니다. 그러기 위해서는 무엇보다 아이가 정해진 시간에 잠자리에 들고 충분히 자야 합니다. 규칙적인 생활을 하면 아이의 컨디션 난조, 함께 따라 오는 엄마의 컨디션 난조와 같은 변수가 줄어들고 육아에 들어가는 에너지와 감정 소비가 줄어듭니다. 더불어 엄마표 영어 시간표도 꾸준히 지켜나갈 수 있습니다.

딸아이가 돌 때쯤, 조리원 동기와 북스타트 프로그램을 신청하고 근처 도서관으로 그림책을 받으러 간 적이 있습니다. 50대 초반으로 보이는 담당자분은 저희를 따뜻한 미소로 맞아 주시며 독서 교육뿐만 아니라 취침 시간에 관한 이야기까지 해 주셨습니다.

"아이가 초등학교 입학하기 전까지 9시에 자고 7시에 일어나는 습관을 들이세요. 그러면 초등학교에 들어가서도 아침 시간이 여유로워요. 아침밥도 먹고 기분 좋게 등교할 수 있어요."

그 당시 아이 키우면서 수면 부족으로 지쳐 있던 저는 그 귀한 조언을 잊지 않았습니다.

저희 아이는 4살 후반부터 초등학생이 된 지금까지 9시~9시 30분 사이에 잠들고 6시 30분~7시 사이에 일어납니다. 일어나면 가장 먼저 오늘 해야 할 일을 노트에 적습니다. 그리고 아침 식사가 준비되기 전까지 할 일(이불 정리, 책 읽기 등)을 하고 밥 먹고 학교에 갑니다. 충분히 자고 아침 식사도 꼭 하는 덕분인지 집중력이 좋고 수업 태도가 좋다는 칭찬을 주변에서 자주 듣습니다. 밤 잠 자는 시간, 아침에 일어나는 시간이 일정해지니 4살에 시작한 엄마표 영어도 몇 년간 다음과 같은 루틴으로 큰 흔들림 없이 지속할 수 있었습니다. 7살 때는 사이트워드 놀이와 파닉스 학습, 리더스북 읽기를 추가했습니다.

**취침**

20:30 양치질 + 영어 그림책/리더스북 읽기

자유 시간 + 영어 영상 시청

저녁 식사 + 영어 놀이

휴식 및 샤워 +
그림책 음원/영어 영상 음원 흘려듣기

16:30

**유치원 생활**

아침 식사 및 등원 준비
+ 음원 흘려듣기

7:30

24

3

6

9

12

15

18

21

아이마다 약간의 차이는 있지만 평균 만 36개월(우리 나이로 4세에서 5세) 전후로 낮잠이 서서히 없어집니다. 아이가 더 이상 낮잠을 자지 않는다면 그때부터 아이의 취침 시간을 9시로 정하고 아무리 늦어도 10시 전에는 아이가 잠들 수 있도록 하루 시간표를 짜 보세요. 엄마표 영어를 실천하는 데 있어 가장 중요한 것은 '지속성'입니다. 취침 시간과 기상 시간이 일정하고 일상이 안정적이면 엄마표 영어 시간표 역시 안정적으로 지켜나갈 수 있습니다. 규칙적인 생활 속에서 시간과 에너지를 절약하며 영어 동영상, 동요, 그림책 등을 통해 하루 2~3시간씩, 3년 정도면 대략 3,000시간의 영어 노출이 가능합니다. 촉촉이 내리는 가랑비 같은 그 시간들은 아이의 영어를 꽃피우는 밑거름이 됩니다.

## 엄마표 영어 루틴 시작하기

엄마표 영어를 이제 시작하는 단계에서는 충분한 소리 노출이 필요합니다. 영어 소리가 낯선 소리가 아닌 집에서 매일 듣는 친숙한 소리가 될 수 있도록 매일 영어 소리를 들려주세요. 제일 먼저 어린이집이나 유치원에 등원하기 전, 오전 시간을 활용하여 영어 동요, 영어 그림책이나 영상 음원 등의 소리를 들려주세요. 아침 식사 시간을 활용하는 것도 한 방법이 되겠죠? 이때 한 가지 행동을 음원을 재생하는 신호로 정해 보세요. 예를 들어, 식탁에 숟가락 놓는 것을 신호로 정해 두면 아침 식사를 하기 전에 잊지 않고 음원을 틀어 줄 수 있습니다.

하원 후 오후 시간에는 아이가 옷 갈아입는 것을 신호로 삼고 음원을 들려주면 어떨까요? 이때는 집중해서 듣게 하는 것이 아니라 쉬는 동안 오며 가며 부담 없이 들을 수 있게 해 주세요. 저녁 루틴으로는 식사 후 40~50분 정도 영어 영상을 보여 주세요. 마지막 잠자리 루틴으로는 양치질을 신호로 삼고 아이와 매일 영어 그림책을 읽어 보세요.

### 엄마표 영어 시작 시간표 예시

- 음원 흘려듣기: 영어 동요 흘려듣기 30분 이상+영어 그림책(영상) 음원 흘려듣기 30분 이상
- 영상 시청: 영어 영상 시청 40~50분
- 영어책: 그림책 1권 이상

## 엄마표 영어 1~2년 차 시간표 예시

　엄마표 영어로 1년 이상 소리 노출이 되었다면 알파벳 인지 및 파닉스 학습을 위한 루틴을 추가로 넣어 볼 수 있습니다. 단, 뇌 발달상 아직 학습할 준비가 되어 있지 않은 취학 전 아이들의 경우 영어를 지루한 공부가 아닌 재미있는 놀이로 느끼게 하는 것이 중요합니다. 알파벳이나 파닉스 관련 노래를 들려주며 알파벳 이름과 기본 음가를 익힐 수 있게 해 주세요. 아이가 좋아할 만한 알파벳 놀이나 활동지도 추가하여 천천히 알파벳을 인지하도록 이끌어 줄 수 있습니다.

- 음원 흘려듣기: 알파벳/파닉스송 흘려듣기 30분 이상+영어 그림책(영상) 음원 흘려듣기 30분 이상
- 알파벳 관련: 알파벳 놀이/활동지 20분
- 영상 시청: 영어 영상 시청 40분
- 영어책: 그림책 1권 이상

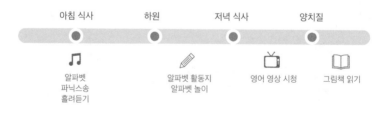

| 아침 식사 | 하원 | 저녁 식사 | 양치질 |
| --- | --- | --- | --- |
| 알파벳 파닉스송 흘려듣기 | 알파벳 활동지 알파벳 놀이 | 영어 영상 시청 | 그림책 읽기 |

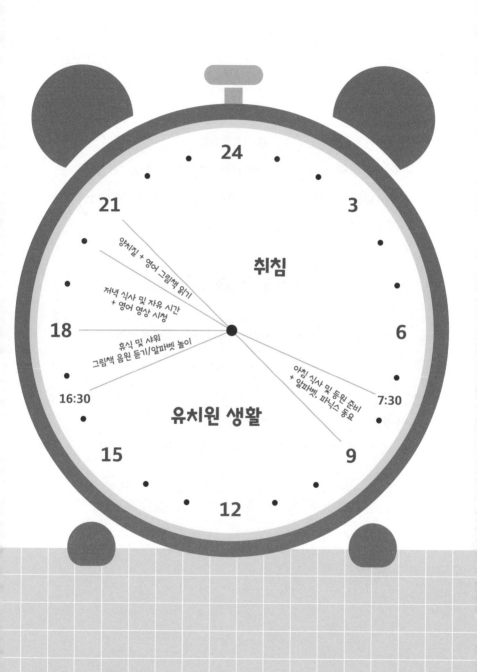

한글을 깨쳤고 영어 소리 노출이 충분히 되어 있고 알파벳을 인지하고 있는 경우라면 파닉스와 사이트워드 학습, 읽기 연습 등을 시도해 볼 수 있습니다. 집중력이 짧은 아이들을 오래 앉혀 놓기보다는 매일 15~20분 정도씩 짧게 진행하는 것이 효과적입니다. 인터넷에서 쉽게 찾을 수 있는 파닉스 및 사이트워드 관련 영상과 활동지는 아이 취향에 따라 선택해서 활용해 보세요. 파닉스와 사이트워드를 조금씩 익히면서 단계별 리더스북으로 소리 내어 읽기 연습을 추가해 보세요.

## 엄마표 영어 2~3년 차 시간표 예시

- 음원 흘려듣기: 영어 동요 흘려듣기 30분 이상+그림책/리더스북 음원 흘려듣기 40분
- 영상 시청: 파닉스 영상 시청 20분+영어 영상 시청 40분
- 활동지: 사이트워드/파닉스 활동지 20분
- 영어책: 영어 그림책 1권 이상+리더스북 소리 내어 읽기 3권 이상

아침 식사     하원     저녁 식사     양치질

영어 동요
파닉스 영상 시청     파닉스
사이트워드 활동지     영어 영상 시청     그림책 읽기
리더스북 읽기 연습

## 엄마표 영어 루틴 DIY 예시

엄마표 영어 시간표를 지키며 매일 영어 노출을 해 주고 아이를 관찰하다 보면 내 아이를 좀 더 잘 알 수 있습니다. 어떤 유형의 이야기를 좋아하는지, 귀가 밝은 아이인지 눈이 밝은 아이인지, 반복을 좋아하는지 새로운 걸 좋아하는지 등 여러 가지를 파악할 수 있습니다. 아이의 취향과 성향, 학습 스타일과 강점, 영어를 받아들이는 속도나 여러 신호를 고려하며 루틴을 추가해 보세요.

### 영어 동요를 아주 좋아하고 잘 따라 부르는 지우

음악을 전공한 지우 엄마는 아이가 어릴 적부터 노래를 많이 들려주었습니다. 그 덕분에 지우는 노래 듣는 것을 무척 좋아하고 부르는 것도 좋아합니다. 5살 때 엄마표 영어를 시작하며 영어 동요를 들려주니 지우는 금세 흥얼거리고 따라 부르기 시작했습니다. 지우처럼 노래를 좋아하고 귀가 예민한 청각형 아이들은 영어 동요를 적극적으로 활용하면 효과적입니다. 엄마와 함께 여러 가지 동요를 외워서 불러 보고 녹음해 보는 방법도 아주 좋습니다. 영어 그림책을 노래로 부를 수 있게 만들어 놓은 노부영(노래로 부르는 영어 그림책) 시리즈나 픽토리 시리즈를 활용하는 것도 좋습니다. 한 곡 한 곡 외워서 부를 수 있는 동요와 그림책이 많아지면 영어 소리가 가진 특징들과 단어들을 자연스레 습득할 수 있습니다. 인풋(듣기)을 활용하여 아웃풋(말하기)으로 이어지게 하는 방법도 됩니다.

- 음원 흘려듣기: 노부영 그림책 음원 흘려듣기 30분 이상+영어 동요 흘려듣기 30분 이상
- 녹음: 동요 부르며 녹음하기
- 영상 시청: 영어 영상 시청 40분
- 영어책: 노부영 영어 그림책 1권 이상

| 아침 식사 | 하원 | 저녁 식사 | 양치질 |
| 노부영 그림책 음원 흘려듣기 | 영어 동요 불러보기 (녹음) | 영어 영상 시청 | 노부영 그림책 읽기 |

## 글자에 관심이 많고 영어책 읽기를 시도하는 지율이

지율이 엄마는 아이가 4살 때부터 영어 그림책을 꾸준히 읽어 주었습니다. 글자에 관심이 많은 지율이는 따로 파닉스를 가르쳐 준 적이 없음에도 6살이 되자 영어책을 혼자 더듬더듬 읽기 시작했습니다. 반복해서 읽었던 그림책들은 내용을 기억하는 덕분에 제법 유창하게 읽어 내려가기도 했습니다. 지율이처럼 글지에

관심이 많고 눈으로 정보를 잘 받아들이는 아이들은 파닉스 학습 없이도 어느 순간 통 문자로 글자를 익혀 영어책을 읽으려고 합니다. 이런 경우, 엄마표 영어 시간표에 알파벳 음가를 알려 주는 영상과 활동지, 그리고 짧고 쉬운 리더스북 읽기를 추가해 보세요. 재미있고 읽기 쉬운 리더스북을 한 권, 한 권 읽어 내며 아이는 성취감을 느끼고 혼자 읽기의 즐거움을 알아갈 수 있습니다.

- 음원 흘려듣기: 파닉스 동요나 챈트 흘려듣기 20분 이상+리더스북 음원 흘려듣기 30분 이상
- 활동지: 파닉스 활동지/사이트워드 활동지 20분
- 영상 시청: 알파블럭스 등의 파닉스 영상 시청 20분+영어 영상 시청 20분
- 영어책: 영어 그림책 1권 이상+리더스북 소리 내어 읽기 2권 이상

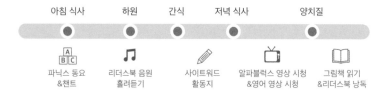

| 아침 식사 | 하원 | 간식 | 저녁 식사 | 양치질 |
|---|---|---|---|---|
| 파닉스 동요 &챈트 | 리더스북 음원 흘려듣기 | 사이트워드 활동지 | 알파블럭스 영상 시청 &영어 영상 시청 | 그림책 읽기 &리더스북 낭독 |

**영어 읽기 연습을 시작하자 쓰기에도 관심을 보이는 라윤이**

라윤이 엄마는 아이가 세 돌 되었을 무렵, 엄마표 영어를 시작했습니다. 한글을 일찍 뗀 라윤이는 6살 후반 영어 리더스북 읽기

를 시작하자 쓰기에도 부쩍 관심을 보였습니다. 따로 시키지 않았는데도 영어책의 한 장면을 그림으로 그리고 아래 한두 문장을 따라 쓰곤 했습니다. 물론 알파벳 글자의 방향을 반대로 쓰거나 틀리게 쓴 부분도 많았지만 쓰기를 힘들어하거나 싫어하지 않고 그림 그릴 때처럼 즐거워했습니다. 이런 경우, 미술 활동처럼 할 수 있는 다양한 알파벳 워크시트를 활용하여 놀이처럼 알파벳을 익히면 좋습니다. 좋아하는 그림책이나 리더스북에서 쓰고 싶은 문장을 매일 2~3개 따라 쓰고 소리 내어 읽기도 해 보세요. 미니북 만들기 활동지를 활용하여 주기적으로 나만의 그림책을 만들어 보는 방법도 추천합니다.

- 음원 흘려듣기: 영어 동요 흘려듣기 30분 이상+그림책/리더스북 음원 흘려듣기 30분 이상
- 활동지: 알파벳 활동지, 영어 문장 필사 30분/미니북 만들기
- 영상 시청: 영어 영상 시청 40분
- 영어책: 영어 그림책 1권 이상+리더스북 소리 내어 읽기 2권 이상

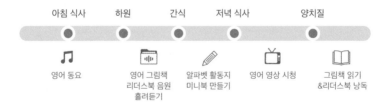

| 아침 식사 | 하원 | 간식 | 저녁 식사 | 양치질 |
|---|---|---|---|---|
| 영어 동요 | 영어 그림책 리더스북 음원 흘려듣기 | 알파벳 활동지 미니북 만들기 | 영어 영상 시청 | 그림책 읽기 &리더스북 낭독 |

# 루틴을 실천하기 전 파악해야 할 것들

## 내 아이의 학습 스타일 파악하기

학습 스타일에 관련해서는 뉴질랜드 학자 닐 플레밍(Neil Fleming)이 고안한 VARK 모델이 널리 알려져 있습니다. 이 모델에서는 학습 스타일을 시각적 학습 스타일(Visual Learning Style), 청각적 학습 스타일(Aural Learning Style), 읽기와 쓰기 학습 스타일(Reading and Writing Learning Style), 운동 감각적 학습 스타일(Kinesthetic Learning Style), 이렇게 총 네 가지로 나눕니다.

미취학 시기에는 쓰기와 읽기를 본격적으로 시작하기 전이고 대부분의 아이들이 몸을 움직이는 활동을 좋아하므로 아이가 청각형에 가까운지 아니면 시각형에 가까운지를 먼저 관찰해 보세요. 청각형 아이들은 소리로 된 정보를 잘 받아들이고 시각형 아이들은 눈으로 보면서 배우는 걸 잘합니다. 청각형 아이들은 아웃풋(oral output)이 빠르게 나오는 편이고 시각형 아이들은 읽기를 수월하게 시작할 가능성이 높습니다.

청각적 학습 스타일(Aural Learning Style)을 가진 귀 밝은 토끼 같은 아이라면 영어 소리를 많이 들려주면서 소리 내어 말할 수 있도록 이끌어 주면 효과적입니다. 슈퍼 심플송 〈Do you like broccoli ice cream?〉처럼 패턴이 반복되는 동요를 들려주고 녹음을 해 보는 것도 좋습니다. 'Do you like poop ice cream? (너는 응가 아이스크림을 좋아하니?)' 이렇게 가사를 웃기게 바꿔가며 불러 볼 수도 있습니다. 아이가 좋아해서 여러 번 본 그림책이 있다면 번갈아 가며 책 속 문장들을 소리 내어 읽어 보는 것도 효과적입니다. 엘리펀트 앤 피기(Elephant and Piggie) 시리즈처럼 문장이 말풍선 안에 들어가 있는 책들을 대본처럼 활용하여 아이와 역할극을 해 보는 것도 큰 도움이 됩니다.

시각적 학습 스타일(Visual Learning Style)을 가진 눈 밝은 부엉이 같은 아이라면, 시각적 자료를 적극적으로 활용해 보세요. 다양한 포스터나 이미지를 집 안 곳곳에 붙여 놓아 오며 가며 볼 수 있게 해 주면 좋습니다. 그림과 단어가 적힌 플래시 카드를 활용한 메모리 게임(memory game), 어떤 그림을 그리는지 서로 맞추는 픽셔너리(Pictionary) 같은 놀이도 추천합니다. 그림책을 본 후, 기억에 남는 장면이나 주인공을 그려보는 독후 활동도 시각적 학습 스타일을 가진 아이들에게 효과적인 활동입니다.

운동 감각적 학습 스타일(Kinesthetic Learning Style)을 가진 활동적인 원숭이 같은 아이들은 몸을 움직이거나 직접 체험할 때 특히 잘 배웁니다. 신체 부위를 움직이는 놀이나 율동, 손을 쓰는 만들기 활동 등이 효과적입니다. 영어 동요 영상에 나오는 율동을 따라 해 본다거나 사이먼 가라사대(Simon says)처럼 몸으로 하는 놀이를 자주 하면 좋습니다. 에르베 튈레(Herve Tullet)의 〈Press Here〉나 잰 토마스(Jan Thomas)의 〈Can You Make a Scary Face?〉처럼 신체 부위를 움직이게 하고 상호 작용이 가능한 그림책을 많이 읽어 주는 것도 효과적입니다.

엄마표 영어를 진행하면서 관찰한 결과, 저희 딸은 청각형(+수다형)이라는 확신이 생겼습니다. 우리말이든 영어든 소리로 들려주면 잘 이해하고 기억하고 따라 합니다. 4살 때, 까이유를 한동안 보여 주니 상황에 맞는 단어와 표현들을 말하기 시작했고 이미 봤던 영상의 음원만 들려줄 때는 다음에 나올 대사를 먼저 말하기도 했습니다. 처음에는 발음이 정확하지 않은 부분도 있고 문법이 안 맞는 부분도 있었지만, 귀로 들은 영어 소리를 맥락과 함께 기억하고 말하는 모습이 신기했습니다.

귀로는 정보를 잘 받아들이는 반면, 문자 인지는 꽤 느린 편이었습니다. 아이의 학습 스타일과 성향을 알고 있었고 문자 학습은 천천히 해도 된다는 소신이 있어서 한글도 영어도 문자 학습을 서두르지 않았습니다. 대신 소리 노출에 초점을 두고 영어 단어와 문장을 구어로 먼저 익힐 수 있게 했고 파닉스와 영어 읽기 연습은 7살 후반에 천천히 시작했습니다.

아이의 학습 스타일을 파악하고 있으면 우리 아이에게 보다 효과적이고 잘 맞는 방법으로 엄마표 영어 루틴을 만들고 실천할 수 있습니다. 내 아이에게 '맞춤식'으로 진행할 수 있는 엄마표 영어의 장점을 잘 살릴 수 있습니다. 우리 아이를 옆집 아이와 비교하거나 조급해하는 것도 줄어듭니다. '우리 아이는 귀가 밝은 토끼 같은 스타일이라 듣고 말하는 걸 잘하는데 옆집 아이는 눈이 밝은 부엉이 스타일이라 읽기 시작이 빠르구나.' 이렇게 생각하고 넘어갈 수 있습니다. 아이를 관찰하며 어떤 학습 스타일인지 생각해 보고 아이가 재미를 느끼는 동시에 잘 배우는 놀이나 활동을 엄마표 영어 시간표에 더해 보세요.

## 언어 발달 순서

'우리 아이는 언제쯤 영어책을 혼자 읽을까?'
'아웃풋은 왜 안 나올까?'

'쓰기는 언제, 어떻게 시작하면 좋을까?'

엄마표 영어를 진행하다 보면 이런 궁금증이 생기곤 합니다. '제대로 하고 있는 걸까? 놓치고 있는 건 없을까?' 이렇게 가끔은 왠지 모를 불안감이 찾아오기도 합니다. 초행길을 운전할 때 네비게이션으로 미리 경로를 한번 살펴보고, 운행 중에는 맞게 가고 있나 확인하면 마음이 놓입니다. 엄마표 영어도 언어 발달 순서를 고려한 로드맵이 있으면 어디쯤 왔는지 중간중간 점검할 수 있습니다. 모국어의 경우 [듣기-말하기-읽기-쓰기] 순서로 발달을 합니다. 엄마표 영어도 큰 틀은 이 발달 순서에 맞추되 아이의 성향과 학습 스타일, 노출 시작 연령, 습득 속도 등을 고려하며 유연하게 진행할 수 있습니다.

언어 발달 순서

## 듣기

아직 우리말을 알아듣지 못하지만, 엄마 아빠와 주변 사람들은 아기에게 끊임없이 말을 건넵니다. 아기는 그 소리들을 맥락과 함께 머릿속에 쌓으며 말할 준비를 합니다. 돌 무렵, 한 단어로 말하기 시작하며 빠르게 말문이 트입니다. 아기에게 모국어 소리를 들려주는 것처럼 엄마표 영어를 진행할 때도 소리부터 넘치게 들려주는 것이 효과적입니다. 언어 발달과 뇌 발달이 폭발적으로 일어나고 있는 아이들은 소리 노출을 통해 영어 소리가 가진 특징을 파악하고 어휘를 습득하며 자연스럽게 어법을 익혀 나갑니다. 영어가 외국어인 EFL(English as a Foreign Language) 환경에서도 요즘은 너무도 손쉽게 영어 소리를 들려줄 수 있습니다. 영어 동요, 그림책, 영상, 놀이, 간단한 생활 영어 등을 통해 영어 소리 노출 환경을 만들어 줄 수 있습니다. 말 못 하는 아기에게 우리말 소리를 끊임없이 들려주는 것처럼 매일 영어 소리를 들려주세요.

## 말하기

아기가 첫 단어를 말하는 시점이 생후 12개월쯤입니다. 매일 하루에 10시간 정도 모국어를 들었다고 치면 대략 3,000시간 정도 모국어 소리에 노출되었다고 볼 수 있습니다. 이 시간 동안 들은 소리를 바탕으로 발화를 시작합니다. 일단 말문이 트이면 다른 사람과의 상호 작용도 활발해지고 말하기 능력도 급속하게 발달합니다. 영어 말문을 트이게 하기 위해 약 3,000시간 동안 소리를 들어야 한다는 가정을 해 보면 매일 2시간씩 영어 소리 노출을 하는 경우 3년 이상의 시간이 필요하다는 계산이 나옵니다. 물론 이론적인 계산이 그렇다는 것이고 아이의 성향에 따라, 그리고 노출 시작 연령에 따라 더 빨리 발화(oral output)를 시작하기도 하고 거의 하지 않기도 합니다.

영어를 공용어로 쓰는 싱가포르, 홍콩, 필리핀 같은 나라와 달리 우리나라는 영어가 외국어인 EFL(English as a Foreign Language) 환경입니다. 우리나라에서는 영어로 의사소통할 일이 없으니 발화를 하지 않을 수 있습니다. 발화를 시작하지 않는다고 해서 소리 노출의 효과가 없는 건 아닙니다. 입 밖으로 소리 내어 말하진 않아도 영어 소리를 많이 들은 아이들은 듣고 이해할 수 있는 수용 언어(Receptive Language)가 발달합니다.

수용 언어를 표현 언어로 끌어낼 수 있는 방법도 여러 가지가 있습니다. 따라 부르기 쉬운 슈퍼 심플송 같은 동요를 아이와 함께 불러 보는 것도 방법이 됩니다. 대화체로 된 그림책을 번갈아 소리 내어 읽어 보거나 엄마가 쉬운 생활 영어를 건네며 아이의 대답을 유도할 수도 있습니다. 영어 수수께끼나 스무고개처럼 간단한 문장으로 할 수 있는 말놀이를 해 보는 것도 좋습니다. 이런 방법들을 통해 귀로 알고 있는 단어나 표현들을 소리 내어 말하도록 이끌어 줄 수 있습니다.

### 읽기

소리로 알고 있는 단어와 표현이 쌓이고 엄마 아빠가 읽어 주는 그림책을 통해 문자에 익숙해진 아이들은 문자와 소리의 관계를 차츰 알아갑니다. 그러다 유치원 신발장에 쓰인 자기 이름과 친구들 이름을 떠듬떠듬 읽기 시작합니다. 아이가 글자에 관심을 보이며 읽으려는 시도를 할 때 글자를 짚으며 책을 꾸준히 읽어 주면 따로 한글을 가르치지 않아도 저절로 읽기 독립이 되기도 합니다.

문자와 소리의 관계를 알고 있고 영어 소리 노출이 1년 이상 되어 있는 상태라면 파닉스와 사이트워드 학습을 하면서 쉬운 영어책 읽기를 시도해 볼 수 있습니다. 교재나 활동지, 놀이 등을 통해 파닉스와 사이트워드를 지루하지 않게 차츰 익힐 수 있도록 해 주세요. 리더스북도 소리 내어 읽게 하세요. 필요하다면 엄마가 먼저 읽어 주거나 음원을 여러 번 들려주세요. 꾸준히 소리 내어 읽기 연습을 하다 보면 영어 소리와 알파벳 문자의 관계를 깨달아 가며 영어도 혼자 읽을 수 있게 됩니다.

## 쓰기

언어 발달 순서 중 제일 마지막은 쓰기입니다. 모국어의 발달 순서를 다시 한번 정리해 보자면, 태어나서 1년 정도 모국어 소리를 충분히 들은 아기는 만 1세쯤 발화를 시작합니다. 귀로 듣고 이해하고, 입으로 말할 수 있는 단어와 표현이 빠르게 늘어나며 완전히 말문이 트입니다. 문자와 소리의 관계를 깨닫고 한글을 읽고 이해합니다. 마지막으로 쓰기를 할 수 있습니다. 영어라고 다르지 않습니다. 엄마표 영어를 통해 매일 소리 노출을 해 주면 구어로 알고 있는 단어와 표현이 많아집니다. 파닉스와 사이트워드를 학습하고 읽기 연습을 시작합니다. 영어 문장을 혼자 읽고 이해할 수 있을 때 쓰기를 시도해 볼 수 있습니다.

쓰기는 듣기와 읽기보다 더 많은 시간과 에너지, 그리고 노력이 필요합니다. 아이가 이미 구어로 알고 있는 영어 단어나 표현도 막상 써 보라고 하면 철자를 정확하게 모르는 경우가 많습니다. 예를 들어, 그림책에 자주 등장하는 다음 단어들은 듣고 이해하고 소리 내어 말할 수 있더라도 정확하게 쓰지 못할 가능성이 높습니다.

Hippopotamus (하마)

Caterpillar (애벌레)

Astronaut (우주 비행사)


뿐만 아니라 띄어쓰기, 마침표, 쉼표, 따옴표 등의 문장 부호를 쓰는 구두법에 익숙지 않습니다. 그래서 쓰기는 그림책이나 리더스북에 있는 영어 문장을 한두 줄 필사하는 걸로 시작해 보면 좋습니다. 필사로 영어 문장 쓰기에 어느 정도 익숙해진 다음 세 줄 일기 쓰기, 독후감 등을 천천히 시도해 볼 수 있습니다. 언어의 영역은 인풋인 듣기와 읽기, 아웃풋인 말하기와 쓰기, 이렇게 4가지로 나눌 수 있습니다. 인풋이 충분치 않으면 아웃풋이 수월하게 나오지 않습니다. 충분히 듣고 읽어야 쓸 수 있습니다. 한국어로 말할 수 있다고 한국어로 글을 잘 쓰는 것이 아니듯 쓰기는 별도의 연습과 훈련이 또 필요합니다.

## 소리 노출부터 읽기 독립까지

엄마표 영어 시간표는 한 번 만들면 그대로 고정되는 것이 아닙니다. 인풋이 쌓이면서 아이의 영어가 점점 발전해 나가면 그것에 맞춰 변화를 줘야 합니다. 이때, 아래 7단계의 로드맵을 참고하면 아이가 지금 어느 단계에 와 있는지 파악하고 어느 부분에 중점을 두어야 할지 알 수 있습니다.

7단계 로드맵

### 1단계: 충분한 소리 노출

아이들 영어는 파닉스로 시작해야 한다고 생각하는 경우가 많습니다. 하지만 앞서 말했듯 소리 노출 없이 바로 파닉스부터 시작하는 것은 효율적이지도 효과적이지도 않습니다. 아이가 영어를 '공부'로 여기고 지루해할 가능성도 높습니다. 파닉스 시작 전, 영어 소리를 친숙하게 여기고 구어로 아는 단어가 많아질 수 있도록 매일 2시간 이상, 최소 1년 이상 재미있는 영어 영상, 그림책, 동요 등을 통해 소리 노출을 해 주세요.

### 2단계: 알파벳 놀이

여러 가지 놀이를 통해 천천히 알파벳을 인지할 수 있게 해 주세요. 파닉스 학습을 시작하기 전, 알파벳 대문자와 소문자의 이름을 전부는 아니더라도 어느 정도 알고 구별할 수 있도록 해 주세요. 알파벳 음가 관련 영상, 챈트, 노래 등을 활용하여 알파벳의 개별 음가를 익혀 두면 파닉스를 본격적으로 시작할 때 도움이 됩니다.

### 3단계: 파닉스 학습

아이가 영어 소리를 1년 이상 꾸준히 들었고 기본적인 단어들을 소리로 알고 있으며 문자에 관심을 보일 때, 파닉스 학습을 시작해 보세요. 복잡한 파닉스 규칙을 한 번에 완벽히 숙지하기는 힘듭니다. 여러 번 반복하게 하는 편이 낫습니다. 교재, 어플, 영상, 놀이 등을 적절히 활용하여 파닉스 학습이 너무 지루해지지 않도록 해 주세요.

### 4단계: 사이트워드 익히기

사이트워드는 'to, and, have, put'처럼 영어책에 빈번하게 등장하는 단어들입니다. 파닉스 규칙을 따르는 사이트워드도 있고 그렇지 않은 것도 있습니다. 읽기 유창성을 높이기 위해서는 사이트워드를 보자마자 읽어 낼 수 있도록 놀이처럼 연습할 필요가 있습니다. 읽어 낼 수 있는 사이트워드가 많아질수록 읽기에도 점점 자신감이 붙고 유창성이 좋아집니다.

### 5단계: 글자 짚으며 듣기

아이가 눈으로는 글자를 보고 귀로는 소리를 들을 수 있도록 쉬운 리더스북을 읽어 주세요. 소리에 맞춰 아이가 손가락으로 글자를 짚도록 하면 효과적입니다. 엄마 아빠가 읽어 주는 것이 여의치 않을 때는 CD 음원이나 세이펜 또는 유튜브 리드 어라우드 영상을 활용하세요.

### 6단계: 리더스북 음독

여러 종류의 단계별 리더스북을 아이가 소리 내어 읽도록 해 주세요. 음독은 묵독으로 가기 전 꼭 필요한 단계이고 유창한 영어 읽기뿐만 아니라 말하기에도 큰 도움이 됩니다. 아이의 성향과 취향에 따라 처음에는 엄마가 먼저 읽고 아이가 따라 읽기, 엄마와 번갈아 읽기 등의 방법을 쓰는 것도 좋습니다. 리더스북을 모두 구매하거나 대여하는 것이 경제적으로 부담되고 번거롭다면 에픽, 라즈키즈, 리딩앤, 리딩게이트와 같은 온라인 도서관 프로그램을 활용해 보세요.

### 7단계: 읽기 독립

그림책, 리더스북, 챕터북 등 다양한 책을 아이가 꾸준히 음독, 묵독, 청독하며 매일 영어책 읽는 습관을 가질 수 있도록 해 주세요. 소리 노출부터 혼자 영어책을 읽는 단계까지 시간이 얼마나 걸릴까요? 아이의 연령, 성향과 학습 스타일, 습득 속도, 노출 시간, 노출 방법 등 고려해야 할 사항이 많지만 아무리 빨라도 1년 이상은 걸립니다. 7단계 로드맵을 따라 꾸준히 엄마표 영어를 실천하면 아이가 영어책을 혼자 읽게 되는 순간은 분명 옵니다.

Q. 아이가 영어 유치원에 다니고 있는데요. 집에서 어떤 부분을 좀 더 신경 써야 할까요?

아이를 영어 유치원에 보내며 영어에 신경 쓰다 보면 소홀해지기 쉬운 것이 우리말 책 읽기입니다. 아이가 아무리 영어를 잘한다고 해도 영어 그릇은 모국어 그릇보다 커질 수 없습니다. 영어 그릇의 크기를 키우려면 탄탄한 모국어 실력이 반드시 필요합니다. 영어라는 그릇에 담길 콘텐츠도 모국어를 바탕으로 한 추론력, 통찰력, 문해력, 논리적인 사고력, 상상력 등을 통해 만들어집니다.

모국어가 탄탄하지 못하면 영어를 잘한다 해도 앞서 언급한 능력들이 부족해서 영어라는 그릇에 담을 콘텐츠를 잘 만들어 내지 못합니다. 그래서 모국어가 탄탄한 아이가 결국 영어도 잘한다는 말을 하는 것이고요. 매일 아이와 우리말 책을 읽고 대화도 많이 나누세요. 그래야 아이가 가진 모국어 그릇의 크기가 커지고 생각의 크기도 커질 수 있습니다.

Q. 몸이 힘들어서 그런지 엄마표 영어는 고사하고 자꾸 아이에게 버럭하게 돼요.

육아든 엄마표 영어든 가장 중요한 것은 아이와의 소통, 아이와의 관계입니다. 아이와 잘 소통하고 좋은 관계를 유지하려면 엄마의 체력이 뒷받침돼야 합니다. 몸과 마음이 힘들면 아이에게 영어 그림책 한 권 읽어 주는 일도, 함께 숨바꼭질하는 일도, 아이의 끝없는 질문도 귀찮게만 느껴집니다. 다정한 엄마가 되기 위해, 엄마표 영어 루틴을 지속하기 위해, 그리고 무엇보다 엄마 자신을 위해 엄마의 체력을 키워야 합니다. 엄마표 영어 루틴을 만들면서 엄마의 건강을 위한 루틴도 반드시 하나 넣어 보세요. 시간과 비용이 많이 들지 않는 매일 걷기, 스트레칭, 홈트부터 시작해 보시면 어떨까요?

Q. 엄마가 생활 영어를 써 줘야만 아이도 발화를 할까요?

꼭 그렇지는 않습니다. 엄마가 영어로 말을 건네지 않아도 아이 성향과 기질에 따라 영어 동영상, 동요, 그림책 등을 통해 쌓인 인풋이 발화로 이어지는 경우도 많습니다. 다만, 세상의 중심이 엄마인 시기이므로 엄마가 영어로 말을 건네면 나도 엄마처럼 영어로 말해 보고 싶다는 동기 부여를 해 줄 수 있습니다.

Q. 6살 아이가 들리는 대로 발음을 하는데 교정을 해 주면 아니라고 자기가 맞게 발음을 했다고 우기곤 합니다. 계속 교정해 주는 게 맞는지 그냥 두는 게 맞는지 고민입니다.

그냥 두시는 편이 낫습니다. 취학 전 영어 노출을 시작하고 인풋을 차곡차곡 쌓아가는 과정에서는 지적이나 교정보다는 칭찬과 격려가 필요합니다. 엄마표 영어를 통해 인풋이 늘어나면 잘못된 발음은 아이가 스스로 교정하는 경우가 많습니다. 예를 들어, /th/는 한국어에 없는 소리라서 아이들이 처음에는 그냥 편하게 /쓰/로 발음하곤 합니다. 저희 아이도 한동안은 mouse와 mouth를 구별하지 않고 똑같이 /마우쓰/로 발음했습니다. 지적하지 않고 그대로 두었지만, 어느 순간 두 단어를 구별해서 발음하기 시작했습니다. 이렇듯 아이들에게 꾸준히 영어 소리를 들려주다 보면 명시적 설명이나 교정 없이도 어느새 정확한 발음을 내는 경우가 대부분입니다. 그러니 지금 단계에서 굳이 교정을 시도하며 갈등 상황을 만들고 아이의 자신감을 떨어트릴 필요는 없습니다.

Q. 매일 꾸준히 엄마표 영어를 진행하기가 너무 힘들어요. 끈기 있게 계속 해낼 수 있는 방법이 있을까요?

처음부터 여러 가지 루틴을 다 실천하려면 힘들 수밖에 없습니다. 먼저 한 가지를 시작하고 안정적으로 굴러가면 다른 루틴을 시간표에 추가하세요. 실행할 장소와 시간대를 구체적으로 정해 두는 것도 중요합니다. 엄마표 영어 실천 체크 리스트를 만들어서 기록하며 중간중간 점검도 해 보시고요. 오프라인이나 온라인 커뮤니티에서 다른 분들과 함께 엄마표 영어를 진행하는 것도 추천합니다. 함께 하는 사람들이 있고 누군가 지켜본다고 생각하면 쉽게 포기하지 않을 수 있습니다.

| 날짜 | | | 8월 1일 | 8월 2일 | 8월 3일 | 8월 4일 | 8월 5일 | 8월 6일 | 8월 7일 |
|---|---|---|---|---|---|---|---|---|---|
| 요일 | | | 월 | 화 | 수 | 목 | 금 | 토 | 일 |
| 흘려듣기 | 오전 | 그림책음원 | | | | | | | |
| | | 동영상 | | | | | | | |
| | 오후 | 동요 | | | | | | | |
| | 저녁 | 동영상 | | | | | | | |
| 알파벳 활동지 | | | | | | | | | |
| 영어책 | 그림책 | | | | | | | | |
| | 리더스북 | | | | | | | | |

엄마표 영어 실천 체크 리스트

**Q. 하루에 음원만 1시간 정도 흘려듣기를 하는데 충분할까요?**

처음에 흘려듣기로 시작하는 것은 좋습니다. 다만, 하루 1시간 흘려듣기만 계속 하는 것은 충분치 않습니다. 흘려듣기 이외에 추가적으로 영어 노출 시간이 필요합니다. 유튜브에서 영어 동요 영상이나 동영상 시리즈를 보여 주며 아이가 영어 소리와 이미지를 매치할 수 있도록 해 주시고요. 매일 영어 그림책을 읽어 주며 문자에도 차츰 익숙해지도록 해 주세요.

**Q. 7살에 처음 영어 노출을 해 주려고 합니다. 어떻게 시작하면 좋을까요?**

7살이어도 소리 노출부터 시작하는 편이 좋습니다. 아이가 좋아할 만한 영어 동요, 동영상, 그림책으로 소리 노출을 해 주면서 영어 인풋을 쌓아 주세요. 7살이면 이미 한글을 통해 문자와 소리의 관계를 알고 있을 것입니다. 6개월 정도 소리 노출을 한 후 영상, 놀이, 활동지 등을 통해 알파벳과 알파벳 음가, 사이트워드를 익히게 하세요. 추가로 쉬운 리더스북의 음원을 매일 들려주고 소리 내어 읽게 하세요.

# 엄마표 영어를 위한
# 다양한 무기들

# 영어 동요,
영어 동영상

## 준비 운동으로 좋은 영어 동요

영어 울렁증이 있는 엄마라도 부담 없이 시도해 볼 수 있고 대부분의 아이가 거부감 없이 받아들이는 영어 노출 방법은 바로 영어 동요입니다. 영어 동요가 아닌 그림책으로 먼저 노출을 시작하려고 하면 그림책 선택이 쉽지 않아 미루기 쉽습니다. 그림책 종류가 워낙 다양하고 고려해야 할 사항도 적지 않기 때문입니다. 아직 아이의 취향을 제대로 알 수 없기 때문에 애써 고른 그림책이어도 아이의 반응이 기대와 다를 수도 있습니다.

영어 동영상으로 시작하는 선 어떨까요? 동영상은 책보다 자극적이므로 아이 연령에 맞는 잔잔한 영상을 찾아 보여 줘야 합니다. 영어 영상을 처음 접한 아이들은 정도의 차이는 있지만 대부분 거부 반응을 보입니다. 그동안 우리말 영상을 많이 봐 왔던 아이라면 특히 그렇습니다. 아이가 거부 반응을 보이면 괜한 스트레스를 주는 건 아닌지, 영상 노출을 계속 시도해도 되는지 고민하게 됩니다.

영어 그림책이나 영상과는 다르게 동요는 오래 고민할 필요가 없습니다. 인기 있는 영어 동요 CD 하나를 구매해서 들려주거나 유튜브 키즈 채널에서 바로 보여 주거나 들려줄 수 있습니다. 영어라는 바다에 들어가기 전, 몸을 푸는 준비 운동이라고 생각하고 영어 동요를 들려주세요. 신나고 재미있는 영어 동요를 들으며 아이들은 우리말 소리와 달리 높낮이 변화가 많고 강세 단위로 발음되는 영어 소리에 점차 익숙해집니다.

영어 동요를 자주 듣다 보면 엄마도 아이도 어느새 영어 동요를 흥얼거리게 됩니다. 이때 "엄마는 영어 잘 못 해. 영어 노래는 잘 못 불러." 하면 김이 새겠죠? 〈What's Your Name?〉처럼 간단하고 쉬운 슈퍼 심플송이나 〈Twinkle, Twinkle, Little Star〉와 같이 익숙한 영어 동요의 가사를 보며 엄마가 먼저 불러 보세요. 일상 속에서 엄마가 즐겁게 영어 동요를 부르면 그것 자체가 아이에게는 좋은 자극과 동기 부여가 됩니다. 그리고 아이도 영어 동요를 듣고 따라 부른다면 영양 만점의 인풋과 아웃풋이 되겠지요?

제가 운영하는 온라인 카페에서는 엄마표 영어 루틴의 시작으로 아이에게 영어 동요를 먼저 들려주는 분들이 많습니다. 그중 5살 동욱이를 키우는 김은진 님의 사례를 소개합니다.

동욱이는 영어 그림책에도 별 흥미를 보이지 않았고 영어 동영상도 잘 보지 않으려 했습니다. 은진 님은 고민 끝에 동욱이가 유치원에 가기 전 20분 정도, 그리고 하원 후 30분 정도 영어 동요를 매일 들려주었습니다. 초반에는 아무런 변화가 없었지만 그래도 꾸준히 영어 동요를 들려주었죠. 그러던 어느 날, 엄마와 함께 장난감 정리를 하던 동욱이가 영어 동요를 흥얼거리기 시작했습니다.

"Clean up, clean up! Everybody, let's clean up."

"우와! 동욱이 노래 진짜 잘하네. 엄마도 같이 불러야겠다. Clean up! Put your things away!"

은진 님은 기쁘고 놀란 마음으로 동욱이와 신나게 영어 동요를 불렀습니다. 동욱이는 그런 엄마의 모습을 보며 웃음을 터뜨렸습니다. 한 번 영어에 익숙해진 동욱이는 이내 자주 들었던 다른 영어 동요도 부르기 시작했습니다. 영어에 대한 호기심과 흥미가 생긴 덕분에 영어 그림책과 영상에도 차츰 관심을 보였습니다. 은진 님은 아이의 반응에 힘을 얻어 영어 동요 들려주기 이외에 또 다른 엄마표 영어 루틴을 꾸준히 실천하고 있습니다.

4살 때부터 영어 동요를 꾸준히 들어 온 저희 아이는 몇 년 전에 많이 들었던 동요를 여전히 기억하고 흥얼거리곤 합니다. 쉽고 간단한 영어 동요를 꾸준히 들은 덕분에 일상생활에서 쓰이는 영어 단어들을 구어로 자연스럽게 익혔습니다. 영어 문장 어순과 여러 가지 문장 패턴도 동요를 따라 부르며 암묵적으로 체화할 수 있었습니다. 지금은 처음 들려주는 동요도 청크(chunk, 덩어리)로 만들어 금세 기억하고 음치에 박치인 저보다 훨씬 리듬감 있게 잘 부릅니다.

'영어 동요 틀어주기'를 첫 번째 엄마표 영어 루틴으로 정해 보세요. 그리고 매일매일 실천하세요. 큰 노력을 기울이지 않아도 아이가 우리말과 다른 영어 소리에 익숙해지고 단어를 구어로 알게 되고 문장 패턴을 체화할 수 있습니다. 영어 동요를 통해 영어가 처음 듣는 낯선 소리가 아닌 '집에서 매일 듣는 소리'가 되면 아이들은 영어 동영상과 그림책에도 보다 쉽게 마음을 엽니다. 영어 동요 듣기가 일상적인 일이 되었다면 영상과 그림책 등을 활용한 또 다른 루틴을 엄마표 영어 시간표에 추가해 보세요.


## 영어 동요로 루틴 만들기

동요는 아이가 다른 일을 할 때도 배경 음악처럼 틀어 놓을 수 있습니다. 그러나 구체적인 시간대가 정해져 있지 않으면 흐지부

지되기 쉽습니다. 영어 동요 듣기를 루틴으로 만들려면 시간대를 정할 필요가 있습니다. 먼저 우리 집 상황을 고려하여 하루 중 어떤 시간대에 매일 동요 들려주기가 가능한지 생각해 보세요. 아침 8시에 일어나서 9시에 등원할 때까지, 4시 하원 후 놀이 시간, 또는 저녁에 목욕할 때가 좋을지 고민해 보시고 이 시간만큼은 꼭 영어 동요를 들려주세요.

아침 식사부터 등원 전까지 　　 하원하고 놀이 시간 　　 목욕 시간

8시~9시　　　　　　4시~5시　　　　　8시~8시30분

## 같은 노래를 일정 기간 반복해서 들려주기

매번 새로운 노래들을 들려주는 것보다 같은 노래들을 반복해서 들려주는 편이 효과적입니다. 동요 CD 한 장에 20곡 정도의 노래가 있다면 한 달 정도 이 노래들을 반복해서 틀어주세요. 동물, 색깔, 음식 등을 주제로 만든 동요들을 유튜브에서 모아 들려주는 방법도 있습니다. 크리스마스처럼 아이들이 좋아하는 날에 대한 동요를 모아서 들려주는 것도 아주 좋습니다. 일정 기간 반복해서 듣다 보면 아이가 흥얼거리며 좋아하는 노래들이 금세 생깁니다.

제가 운영하는 엄마표 영어 카페에서는 [주제별 영어 동요 프로젝트]가 무료로 진행되고 있습니다. 프로젝트에 참여하는 엄마들은 주제별로 모은 영어 동요를 아이에게 부지런히 들려줍니다. 그러는 동안 아이에게 생기는 변화에 놀라는 분들이 많습니다. 그중 6살 시윤이를 키우는 조민영 님의 사례를 소개합니다.

민영 님은 프로젝트를 신청한 후 신체 부위에 관한 영어 동요 음원을 USB에 넣어 아침 등원하는 차 안에서, 저녁 식사 전 거실에서 시윤이에게 매일 들려주었습니다. 처음에는 시윤이가 귀 기울여 듣는 것 같지 않았습니다. 그래도 다행히 듣지 않겠다는 말은 하지 않아서 민영 님은 매일매일 영어 동요를 틀어주었습니다. 그러다 프로젝트 활동 인증 글을 남기기 위해 워크시트를 꺼내고 시윤이를 불렀습니다.

"시윤아! 이거 같이 해 보자."

"뭔데? 아… 나 이거 알아요. Can you wash your face? I can wash my face. This is the way we take a bath!"

시윤이가 활동지에 나온 그림을 보더니 갑자기 영어 동요를 부르기 시작했습니다. 민영 님은 깜짝 놀라지 않을 수 없었습니다. 그저 매일 영어 동요를 반복해서 들려주기만 했는데 시윤이는 어느샌가 유창하게 부를 수 있었으니까요. 이렇게 같은 동요를 반복해서 들려주면 아이들은 금방 가사를 외우고 따라 부르곤 합니다.

### 일상생활 속에서 동요 가사 활용하기

슈퍼 심플송처럼 따라 부르기 쉬운 영어 동요들의 가사는 아이와의 일상 대화나 놀이에서 쓸 수 있습니다. 예를 들어, 슈퍼 심플송 〈Let's Play Hide And Seek〉이란 노래는 "Are you ready? Ready or not, here I come!"처럼 아이와 숨바꼭질할 때 쓸 수 있는 영어 표현들이 가사로 쓰였습니다. 아이와 숨바꼭질할 때 이 노래 가사를 말해 주세요. 영어 동요 가사를 일상생활 속에서 들으면 아이들은 더욱 빠르게 흡수합니다.

### 아이와 녹음하기

자기 목소리를 녹음해서 듣는 걸 좋아하는 아이들이 많습니다. 엄마와 아이가 같이 영어 동요를 부르며 휴대폰으로 녹음해 보세요. 영어 동요를 불러 보라고 억지로 시키지 않아도 아이가 신이 나서 부릅니다. 이때 장난감 마이크를 하나 쥐여주면 더욱 즐거워합니다. 저희 딸은 동요 부르며 녹음하는 걸 좋아해서 지금도 가끔 영어 동요를 부르며 제 휴대폰으로 녹음을 하곤 합니다. 저는 옆에서 잘한다, 잘한다 칭찬하고 또 해 보라고 격려해 줍니다.

### 활용하면 좋은 프로그램과 제품
### 유튜브 다운로더

유튜브에 있는 영어 동요 영상을 아이에게 보여 줄 때 중간에 나오는 광고가 신경 쓰인다면 유튜브 프리미엄에 가입하는 것도 방법입니다. 또는 무료 다운로더를 이용할 수도 있습니다. 클립 다운(clip down)이나 4K 다운로더와 같은 간단한 프로그램을 인터넷에서 다운받아 설치하면 유튜브 영상이나 음원을 USB에 담아 활용할 수 있습니다.

### 카카오 번역

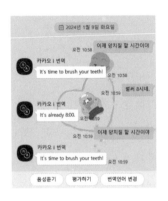

카카오 번역을 친구 추가한 후 궁금한 영어 표현을 친구에게 카톡 하듯 우리말로 보내면 번역된 문장을 바로 확인할 수 있습니다. 영어 문장을 음성으로 듣는 것도 가능합니다. 영어 동요 가사의 뜻이 궁금할 때 또는 아이에게 말할 영어 표현이 궁금할 때 카카오 번역을 이용해 보세요.

### 챗GPT AskUp

키키오톡에시 askup을 친구 추가한 후 영어 동요에 나오는 헷갈리는 영어 표현에 관해 물어보세요. 예를 들어, 의성어 splash, splish, splosh의 차이점에 대해 물어보면 예문과 함께 자세히 설명해 줍니다. 이외에도 영어 콘텐츠 추천, 발음 확인, 문법 오류 찾

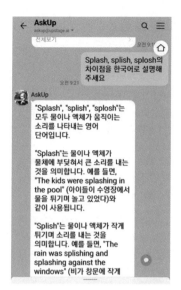

기, 영어 수수께끼 만들기 등 엄마표 영어를 진행하는 데 여러 가지로 활용할 수 있습니다.

# 추천 영어 동요 채널과 동요

| QR | 이름 | 설명 |
|---|---|---|
| | 코코멜론 (Cocomelon) | 1억 5천만 명의 구독자를 보유한 미국 채널로 영미권 전래 동요인 마더구스(Mother Goose)를 비롯하여 다양한 생활 동요를 들을 수 있습니다. |
| | 슈퍼 심플송 (Super Simple Songs) | 영어가 모국어가 아닌 아이들도 금세 따라 부를 수 있는 쉽고 간단한 동요들과 영미권 전래 동요들을 들을 수 있는 캐나다 채널입니다. |
| | 리틀 엔젤(Little Angel) | 마더구스뿐만 아니라 문자, 숫자, 생활 습관에 관한 동요가 많이 올라와 있습니다. 영어, 한국어, 일본어, 스페인어 등 다양한 언어로 운영되는 채널입니다. |
| | 더 씽잉 왈러스 (The Singing Walrus) | 교사와 음악가들이 운영하는 채널로 음악이 신나고 경쾌한 동요가 많이 올라와 있습니다. |
| | 리틀 베이비 범 (Little Baby Bum) | 4천만 명이 넘는 구독자를 보유한 미국 채널로 다양한 마더구스와 생활 동요를 포함한 다양한 영상이 올라와 있습니다. |
| | 핑크퐁(Pinkfong) | 전 세계적으로 빅 히트를 기록한 <아기 상어>를 비롯해 다양한 영어 동요와 애니메이션을 볼 수 있는 채널입니다. |
| | 마더구스 클럽 (Mother Goose Club) | 영미권 전래 동요인 마더구스를 부르며 춤추는 어린이들의 영상이 많이 올라와 있는 미국 채널입니다. |

| | | |
|---|---|---|
| | 베이비 버스(Baby Bus) | 사랑스러운 판다 키키, 묘묘가 주인공으로 일상 생활에 관한 동요와 애니메이션을 볼 수 있는 채널입니다. |
| | 빕 빕 너서리 라임 (Beep Beep - Nursery Rhymes) | 2021년에 만들어진 미국 채널로 다양한 너서리 라임과 동요를 들을 수 있습니다. |
| | 키부머즈(The Kiboomers) | 글자, 숫자, 모양, 색깔 등 다양한 주제를 다룬 1,000여 곡의 동요가 올라와 있는 캐나다 채널로 귀에 쏙쏙 들어오는 음악이 특징입니다. |
| | 데이브 앤 애바 (Dave and Ava) | 강아지 분장을 한 데이브와 고양이로 분장한 에바가 주인공으로 다양한 너서리 라임을 들을 수 있는 미국 채널입니다. |
| | 루루 키즈 (LooLoo Kids) | 조니와 친구들이 주인공인 미국 채널로 너서리 라임을 비롯한 700여 편의 교육적인 영어 동요 영상을 볼 수 있습니다. |
| | 세서미 스트릿 (Sesame Street) | 2006년에 개설되어 3천여 편의 동영상이 올라와 있는 미국 채널로 캐릭터 인형들과 연기자들이 등장하여 동요를 들려주고 다양한 에피소드를 보여 줍니다. |
| | 키즈 티비 123 (Kids TV 123) | 숫자, 색깔, 알파벳, 파닉스 관련 등 단순하고 쉬운 교육적인 동요 영상이 주로 올라와 있는 채널입니다. |
| | 츄츄 티비 (ChuChu TV) | 취학 전 아이들을 주 타깃으로 한 채널로 영어 동요뿐만 아니라 알파벳, 파닉스, 숫자 관련 등의 교육적인 영상도 많이 올라와 있는 채널입니다. |

## 기본 단어를 익히기 좋은 동요

처음에는 주변에서 쉽게 볼 수 있는 사물이나 신체 부위를 영어로 익힐 수 있도록 직관적이고 단순한 영어 동요를 찾아 보여 주고 들려주세요. 유튜브 영상을 통해 이미지와 소리를 연결시켜 기억할 뿐만 아니라 우리말과는 다른 영어 소리의 특징을 알게 됩니다.

| QR | 제목 | 내용 |
|---|---|---|
| | Me! | 눈, 코, 입 등의 신체 부위를 단순한 멜로디와 함께 익힐 수 있는 동요입니다. 영상을 보며 가사에 맞춰 신체 부위를 가리키는 동작까지 하면 아주 효과적입니다. |
| | Head Shoulders Knees And Toes | 우리말로도 많이 부르는 '머리 어깨 무릎 발'이라는 동요입니다. 율동과 함께 신체 부위를 영어로 익히기 좋습니다. |
| | I Have a Pet | 강아지, 고양이, 새, 쥐처럼 친숙한 동물의 이름을 익힐 수 있습니다. Woof, woof(멍멍), Meow, meow(야옹야옹)처럼 우리말과는 다르게 표현되는 동물 소리도 들어 볼 수 있습니다. |
| | I See Something Blue | 파란색, 노란색, 빨간색 등의 기본 색깔을 익히기에 좋은 동요입니다. |

| | | |
|---|---|---|
| | This Is A Happy Face | 여러 가지 표정을 보며 다양한 감정을 영어로 익힐 수 있는 동요입니다. 영상 속 캐릭터들의 표정까지 따라 해 보면 더욱 재미있고 효과적입니다. |
| | The Shape Song | 여러 가지 사물과 동물 등에서 동그라미, 네모, 하트 등을 찾는 동요로 도형 이름을 영어로 익힐 수 있습니다. |
| | Follow Me | clap(손뼉을 치다), spin(돌다), bend(구부리다)와 같은 기본 동사를 익히기에 좋은 동요입니다. 손뼉 치고 한 바퀴 돌고 땅을 짚는 등의 노래에 나오는 여러 가지 동작까지 아이와 함께 해 보면 좋습니다. |
| | Rainbow Colors Song | 빨간 사과, 노란색 레몬, 초록색 개구리 등으로 무지개 색깔과 사물의 이름을 묶어서 영어로 익힐 수 있는 동요입니다. |
| | How Many Fingers? | 손가락으로 1부터 10까지 세며 영어로 숫자를 익힐 수 있는 동요입니다. |
| | The Animal Sounds Song | 다양한 동물 울음소리를 듣고 따라 해 볼 수 있는 동요입니다. |

## 문장 패턴을 익히기에 좋은 동요

 기본적인 단어를 익힌 후에는 가사에 있는 패턴을 활용하여 다양한 문장을 만들어 부를 수 있는 동요들을 자주 들려주세요. 엄마와 아이가 주거니 받거니 불러 보는 방법도 아주 효과적입니다.

| QR | 제목 | 내용 |
|---|---|---|
| | The Bath Song | Can you wash your~? I can wash my~ 패턴이 반복되어 아이 씻길 때 활용하기 좋은 동요입니다. 반복해서 들려준 후 엄마가 Can you~? 부분을, 아이가 I can~ 부분을 맡아 불러 보세요. |
| | Let's Go to the Zoo | 다양한 동물 이름과 함께 stomp(쿵쿵거리며 걷다), jump(뛰다), swim(수영하다) 같은 기본 동사를 패턴으로 익힐 수 있는 동요입니다. |
| | Put On Your Boots | 신발, 모자 등의 단어와 Put on your~ 패턴을 익힐 수 있는 동요입니다. 외출 준비할 때 이 동요의 가사를 일상 대화처럼 활용해 보세요. |
| | Do You Like Broccoli Ice Cream? | 브로콜리와 아이스크림처럼 어울리지 않는 두 가지 재료로 만드는 음식을 좋아하는지 묻는 동요입니다. 아이와 번갈아가며 질문하고 대답하며 부르면 문장 패턴을 익히는 데도 도움이 됩니다. |
| | Clean Up Song | 아이와 물건 정리할 때 틀어 두어도 좋고 단순한 가사를 일상 대화처럼 활용하실 수도 있습니다. |

| | | |
|---|---|---|
| | Hide and Seek | 숨바꼭질할 때 쓸 수 있는 표현이 나오는 동요입니다. 'Ready or not, here I come.' 같은 문장은 기억해 두었다가 아이와 숨바꼭질 할 때 말해 주세요. |
| | What Do You Like To Do? | 평서문인 I like~와 부정문인 I don't like~, 의문사가 들어간 What do you like~?를 익힐 수 있는 경쾌한 동요입니다. |
| | Rock Scissors Paper | 주먹, 가위, 보자기를 이용해 다양한 동물을 만들어 보여주는 동요입니다. 손으로 동물 모양을 만들고 서로 맞히는 놀이로 확장해 보세요. |
| | How's The Weather? | How's the weather? Is it~?이 반복되는 동요로 날씨를 묻는 표현과 sunny, rainy, cloudy처럼 날씨를 나타내는 단어를 익힐 수 있는 동요입니다. |
| | What's Your Favorite Flavor Of Ice Cream? | 'What's your favorite flavor of ice cream?'이라는 문장이 반복되고 여러 가지 아이스크림 맛을 소개하는 꽤 빠른 박자의 동요입니다. |

## 추천 마더구스

단순한 슈퍼 심플송과 생활 동요를 많이 들려준 후에는 마더구스(Mother Goose) 또는 너서리 라임(Nursery Rhymes)이라고 불리는 영미권 전래 동요도 들려주세요. 마더구스 중에는 라임(rhyme)을 살려서 부를 수 있는 곡이 많습니다.

| QR | 제목 | 내용 |
|---|---|---|
| | Finger Family | 엄지는 아빠, 검지는 엄마처럼 손가락을 가족 구성원에 비유하여 손동작을 하며 따라 부르기 좋은 동요입니다. |
| | Old MacDonald | 농장에 사는 소, 말, 돼지 등의 동물들이 내는 다양한 소리를 영어로 익힐 수 있는 마더구스입니다. |
| | The Muffin Man | 경쾌한 멜로디에 단순한 가사로 이루어져 외우기 쉬운 마더구스입니다. |
| | Twinkle Twinkle Little Star | <반짝반짝 작은 별>이란 우리말 제목으로 친숙한 마더구스입니다. 우리말로도 들려주시고 영어로도 들려주세요. |
| | Five Little Monkeys Jumping on the Bed | 아기 원숭이들이 침대에서 징난치며 뛰다가 한 마리씩 떨어지는 내용의 재미있는 마더구스입니다. <Five Little Ducks>, <Five Little Elves>처럼 가사가 변형된 동요도 여러 가지가 있습니다. |

| | Baa, Baa, Black Sheep | 'Baa Baa Black, wool, full'처럼 가사에 각운과 두운이 들어간 부분이 여러 곳이라 라임을 살려 부르기 좋은 마더구스입니다. |
|---|---|---|
| | If You're Happy And You Know It | 노래 가사에 맞춰 율동하며 부르기 좋은 마더구스로 'happy' 대신에 다른 단어를 넣어 바꿔 부를 수도 있습니다. |
| | Who Took The Cookie? | 누가 쿠키를 가져갔는지 찾아내는 내용의 경쾌한 마더구스입니다. |
| | The Wheels On The Bus | 빠른 멜로디에 가사를 바꿔가며 부르기 좋은 마더구스입니다. |
| | Itsy Bitsy Spider | 'spout, out, rain, again'처럼 문장 끝에 같은 소리가 들어가는 각운을 살리며 부를 수 있는 마더구스입니다. |

## 구어를 익히기 좋은 영어 동영상

엄마  엄마가 재미있는 영상 보여 줄게.

아이  나 그냥 우리말로 볼래.

엄마  이거 재미있어. 한번 봐봐.

아이  난 타요가 좋은데.

아빠  그냥 타요 틀어줘. 보고 싶다는 거 보여 주면 되지, 뭘 그렇게….

4살 딸아이에게 처음 영어 영상을 보여 줬을 때 저희 가족이 나눴던 대화입니다. 아이는 영어 영상을 잠시 보더니 우리말 영상을 보여달라고 했습니다. 남편은 아내가 아이와 실랑이하는 것이 싫은지 아이가 좋아하는 '타요'를 틀어주라며 끼어들었습니다. 주변 이야기를 들어보면 저희 집처럼 엄마가 영상으로 아이에게 영어 노출을 시도할 때 아빠가 협조적이지 않은 경우가 많습니다.

집에서 영상으로 영어 소리 노출을 해 주기 위해서는 아빠의 동의와 협조가 필요합니다. 아빠가 우리말 영상을 계속 틀어주면 아이가 영어 영상을 보지 않으려고 할 가능성이 큽니다. 저희 집은 상의 끝에 주중에는 영어로만 영상을 보여 주고, 주말에는 원하는 경우 우리말 영상도 보여 주었습니다. 처음에 보였던 거부 반응이 지나가고 아이는 까이유(Caillou) 시리즈를 재미있게 보기 시작했습니다. 자기 또래인 까이유의 이야기에 공감하는 부분이 많은 듯했습니다.

이후 페파피그(Peppa Pig), 벤 앤 홀리(Ben and Holly), 맥스 앤 루비(Max and Ruby), 사이먼(Simon), 옥토넛(Octonauts), 마이 리틀 포니(My Little Pony), 슈퍼 몬스터(Super Monsters), 개비의 매직하우스 (Gabby's Dollhouse) 등 다양한 영어 영상을 봤습니다. 초등학생이 된 지금도 아이는 매일 저녁 영어 영상을 보고 있습니다.

저는 엄마표 영어 강연에서 아이들이 초반에 보이는 거부 반응을 넘기고 나면 곧 재미있게 영어 영상을 보는 경우가 많다고 말씀드립니다. 한국어 영상을 이미 많이 본 아이들은 당연히 영어 영상에 거부 반응을 보입니다. 아이의 거부 반응을 당연하게 여기고 여러 가지 방법을 시도해야 합니다. 엄마가 먼저 재미있게 영상을 보는 것도 좋은 방법이 됩니다. 좋아하는 간식도 아이들에게는 당근이 됩니다. 이미 봤던 친근한 뽀로로나 타요의 영상을 영어로 틀어주는 것도 한 가지 방법이 될 수 있습니다.

영어 동영상을 아이에게 꾸준히 보여 주면 맥락이 있는 영어 소리 노출을 해 줄 수 있습니다. 아이들은 영어 영상 속 문장을 들으며 캐릭터들의 표정과 제스처, 처한 상황 등을 바탕으로 부지런히 내용을 파악하려 합니다. 이 과정에서 의미뿐만 아니라 뉘앙스까지 구어로 알게 되는 영어 단어와 표현들이 많아집니다. 그리고 영어식 표현을 분석하지 않고 그대로 습득합니다. 예를 들어,

"It's rainy outside."라는 문장을 두고 아이들은 '비인칭 주어 it을 왜 쓰는지'와 같은 분석은 하지 않습니다. 그냥 밖에 비가 올 때는 "It's rainy outside."라고 하는구나 하고 받아들입니다. 물론 맥락 있는 소리 노출을 한다고 해서 이 과정이 단번에 일어나진 않습니다. 매일 영어 동영상을 지속적으로 보여줬을 때 일어나는 일입니다. 아이와 함께 까이유를 꾸준히 시청하며 동영상 노출의 힘을 경험한 황미정 님의 사례를 소개합니다.

미정 님은 원래 엄마 영어 공부를 위해 까이유 쉐도잉을 시작했습니다. 엄마가 까이유 영상을 보며 쉐도잉을 하자 당시 6살이던 현서도 관심을 갖고 까이유를 함께 보기 시작했습니다. 그러던 어느 날, 미정 님은 장난삼아 현서에게 물었습니다.

"현서야, 너도 한번 녹음해 볼래?"

"네, 저도 해 볼래요. Cookies. I want cookies. I'm hungry…."

"우와, 현서야, 너 진짜 잘한다!"

녹음 버튼을 누르자 현서는 까이유 영상을 보며 영어 대사를 말하기 시작했습니다. 미정 님은 단순히 영어 동영상을 본다고 가능할까 싶었던 일들을 경험하며 꾸준한 동영상 노출의 힘을 실감했습니다. 현서는 한글도 영어도 읽지 못했지만, 화면을 보며 스토리를 이해하고 들리는 대로 발음하며 영어 단어와 표현들을 구어로 차곡차곡 쌓아갈 수 있었습니다.

우리 나이로 4살 무렵 영상 노출을 시작했으면 한 번 볼 때

20~30분 정도 보여 주세요. 첫 영어 동영상 시리즈로 많이 추천되는 까이유(Caillou)나 페파피그(Peppa Pig) 시리즈는 영상 하나의 길이가 5~7분 정도입니다. 아이들은 시간 개념이 아직 없으므로 보고 있는 시리즈에 따라 몇 편을 볼지 미리 말해 주세요. 한 번 시청할 때 4~5개 정도의 에피소드를 보여 주면 적당합니다.

아이가 아무리 영상을 재미있게 보더라도 한 번에 너무 오랫동안 영상을 시청하게 두진 마세요. 미국 소아과협회(AAP, American Academy of Pediatrics)는 두 돌 이전 아이에게 동영상 노출을 하지 말라고 권고합니다. 두 돌 이후에도 영상 노출을 하루 1시간 미만으로 제한하고 부모가 함께 영상을 보며 이해를 도와줘야 합니다. 영상 시청 시간을 연령에 맞게 늘려 나가되 7살이 되어도 한 번에 최대 1시간, 하루에 총 2시간을 넘기지 않는 편이 좋습니다. 화면이 작은 휴대폰으로 영상을 오랫동안 보는 것 역시 시력에 좋지 않습니다. 가능한 한 큰 화면으로 정해진 시간만큼 영어 영상을 볼 수 있게 해 주세요.

## 영어 동영상 루틴 만들기

아이가 영어 영상을 재미있게 보기 시작하면 매일 영어 영상 보기를 엄마표 영어 시간표에 넣으세요. 아이가 아침에 일찍 일어나는 종달새 타입인가요? 여유로운 아침 시간을 활용하여 아침 식사 후 영어 영상을 시청하고 등원하게 하세요. 오후 시간을 활용하고 싶다면 하원 후 옷 갈아입고 영상 보기 또는 저녁 식사 후 40분 영상 보기를 시간표에 넣어 보세요. 이렇게 일상적인 일(아침 식사, 옷 갈아입기, 저녁 식사)과 엄마표 영어 루틴을 묶어야 앞서 말했듯 루틴을 잊지 않고 실행할 가능성이 높습니다. 아이 역시 영어 영상 보기를 일과로 자연스럽게 받아들일 수 있습니다.

저희 집은 저녁 식사 후 영어 영상을 보기로 정하고 5년 넘게 지속하고 있습니다. 저녁 식사 후 6시 30분에서 7시 사이에, 아이는 좋아하는 요플레, 과일, 치즈 등을 후식으로 먹으며 40~50분 정도(시리즈에 따라 3~4편) 넷플릭스 키즈나 디즈니 플러스에 있는 영어 영상을 봅니다. 초반에는 제가 영상을 골라준 후 아이의 반응을 살피기 위해 옆에서 빨래를 개키며 같이 보곤 했습니다. 지금은 아이가 "엄마, 나 이제 TV 볼게."라고 말하고 영어 영상을 골라서 봅니다. "영어로만 봐야 해."라고 당부를 할 필요도 없습니다.

저희 딸이 영어 동영상을 보고 처음 소리 내어 말한 단어는 'danger'였습니다. 페파피그를 한창 열심히 보던 4살 때였습니다. 남편에게 아이를 넘겨 주다 하마터면 놓칠 뻔한 적이 있습니다. 놀라서 허둥대는 엄마 아빠를 보며 아이는 까르르 웃으며 "danger!"라고 외쳤습니다. 페파피그 가족이 곤란한 상황에 처하는 에피소드에서 'danger'란 단어가 몇 번 반복해서 나옵니다.

무슨 뜻인지 정확히는 몰랐겠지만, 아이가 그 단어를 소리 내어 말하는 걸 보니 신기했습니다. 이후에도 여러 영상에서 들은 "Good night! Sweet dreams, I am hungry!"와 같은 간단한 문장들은 상황에 맞게 말하기 시작했습니다. 소리 인풋이 많이 쌓인 지금은 우리말을 하다가 자연스럽게 영어 문장을 섞어 쓰는 코드 스위칭(Code Switching)을 하곤 합니다.

아이가 즐겨 보는 영상 시리즈가 있다면 이미 본 영상의 소리도 들려주세요. 페파피그를 즐겨 본다면 영상을 소리로만 들을 수 있게 해 주세요. 그러면 아이가 다음 대사를 앞질러 말하기도 합니다. 이해 가능한 입력(Comprehensible Input)이란 언어 습득 관련 용어가 있습니다. 보거나 읽거나 들은 내용을 어느 정도 이해할 수 있을 때, 언어 습득이 일어난다고 합니다. 바꿔 말하면, 이해가 제대로 되지 않는 인풋은 언어를 익히는 데 별 도움이 되지 않는다는 뜻입니다. 특히 엄마표 영어 초반에는 아이가 알고 있는 단어도 많지 않고 영어 소리에도 익숙지 않은 상태이므로 한 번도 본 적 없는 영상의 음원만 들려주는 것은 효과적이지 않습니다.

4살 서연이를 키우고 있는 이정아 님은 아이들이 우리말 동영상을 많이 보면 영어로는 잘 보려 하지 않는다는 것을 엄마표 영어를 시작하기 전에 알고 있었습니다. 그래서 서연이에게 우리말 동영상은 가능한 한 보여 주지 않았습니다. 그러다 서연이가 30개월이 되었을 무렵, 까이유 시리즈로 영어 동영상 노출을 시도했습니다. 처음에는 재미있게 보는 듯했지만, 곧 시들해져 보는 둥 마는 둥 했습니다. 다음에는 페파피그 시리즈를 보여 주었지만 마찬가지였습니다. 어떤 영상을 보여 주면 좋을까 고민하던 정아 님은 서연이의 애착 인형이 토끼라는 걸 떠올리고 토끼 남매가 주인공인 맥스 앤 루비를 보여 주었습니다. 자기가 좋아하는 토끼가 나와서인지 서연이는 맥스 앤 루비를 재미있게 잘 봤습니다. 서연이가 영어 동영상을 보겠다고 먼저 나서기도 했습니다.

정아 님은 아침 식사 후 등원 전까지 맥스 앤 루비 영어 영상을 보여 주고 하원 후에는 영상의 음원만 들려주었습니다. 서연이는 음원에 귀 기울이지 않은 듯하다가도 중간중간 다음 대사를 앞질러 말하기도 했습니다. 정아 님은 영어 동영상에 흥미를 붙인 서연이를 보며 다음에 어떤 동영상으로 영어 노출을 이어가면 좋을지 생각 중입니다.

아이의 취향과 연령에 맞는 시리즈를 먼저 찾으세요. 언제 어디서 동영상을 보여줄지, 음원을 틀어줄지 계획을 세우고 실천해 보세요. 아이가 좋아하는 시리즈가 생기고 몰입해서 보기 시작하면 영어 영상 보기는 엄마의 시간과 에너지를 거의 들이지 않고도 저절로 굴러갑니다. 화면에 너무 가깝게 앉아서 보고 있는 건 아닌지, 너무 오래 보는 건 아닌지만 살펴봐 주세요.

# 추천 영어 동영상

**엄마표 영어 첫 영어 동영상 추천**

어린아이들에게 처음부터 너무 간이 세거나 자극적인 음식을 주지 않는 것처럼 아이에게 보여 줄 첫 영어 동영상을 고를 때도 마찬가지입니다. 디즈니 애니메이션처럼 길이도 길고 화려한 영상보다는 한 편당 길이가 짧고 말하는 속도도 너무 빠르지 않은 어린이 영어 영상 시리즈가 좋습니다. 아이들이 공감할 수 있는 일상을 다룬, 잔잔하면서도 유머가 있는 이야기를 특히 추천합니다.

| 제목 | 내용 |
|---|---|
| 페파피그(Peppa Pig) | 엉뚱하고 귀여운 돼지 페파와 페파의 가족들, 친구들의 일상을 다룬 이야기. 영국식 발음, 유튜브와 넷플릭스에서 시청 가능 |
| 벤 앤 홀리(Ben and Holly) | 리틀 킹덤에 사는 요정이자 공주인 홀리와 가장 친한 친구인 벤의 이야기. 영국식 발음, 유튜브에서 시청 가능 |
| 까이유(Caillou) | 사랑스러운 4살, 까이유와 까이유 가족의 일상을 다룬 잔잔한 이야기. 미국식 발음, 유튜브에서 시청 가능 |
| 맥스 앤 루비 (Max and Ruby) | 다정하고 의젓한 누나 토끼 루비와 엉뚱하고 장난기 많은 동생 맥스의 이야기. 미국식 발음, 유튜브에서 시청 가능 |

| | |
|---|---|
| 찰리의 컬러폼 시티 (Charlie's Colorforms City) | 찰리와 함께 다양한 색깔의 도형을 이용해 아이디어를 실행하고 문제를 해결하는 이야기. 미국식 발음, 넷플릭스에서 시청 가능 |
| 메이지(Maisy) | 루시 커즌즈(Lucy Cousins)의 그림책을 바탕으로 만들어진 시리즈로 메이지와 친구들의 일상을 다룬 이야기. 영국식 발음, 유튜브에서 시청 가능 |
| 찰리네 유치원(Charley Goes to School) | 추피와 두두 전집의 원작 시리즈로 5살 찰리의 일상을 다룬 시리즈. 미국식 발음, 넷플릭스에서 시청 가능 |
| 티모시네 유치원 (Timothy Goes To School) | 5살 너구리 티모시가 유치원에 다니며 생기는 여러 가지 이야기를 다룬 시리즈. 미국식 발음, 유튜브에서 시청 가능 |
| 다니엘 타이거(Daniel Tiger's Neighbourhood) | 4살 다니엘과 다니엘의 가족, 그리고 친구들의 일상을 다룬 이야기로 중간 중간 노래로 대사를 말하는 시리즈. 미국식 발음, 유튜브에서 시청 가능 |
| 블루이(Bluey) | 모험을 즐기는 귀여운 강아지 블루이 가족의 이야기. 호주식 발음, 디즈니 플러스와 유튜브에서 시청 가능 |
| 클로이의 요술 옷장 (Chloe's Closet) | 요술 옷장 속의 다양한 옷을 입고 임무를 수행하기 위해 모험을 떠나는 클로이와 친구들의 이야기. 미국식 발음, 유튜브에서 시청 가능 |
| 리틀 아인슈타인(Little Einsteins) | 4명의 꼬마 아인슈타인이 여러 가지 임무를 수행하기 위해 떠나는 모험 이야기. 미국식 발음, 디즈니 플러스에서 시청 가능 |

| | |
|---|---|
| 큐리어스 조지(Curious George) | 부부 작가였던 한스 어거스토 레이(Hans Augusto Rey)와 마가렛 레이(Margret Rey)의 책을 바탕으로 만들어진 시리즈로 호기심 많은 원숭이 조지의 이야기. 미국식 발음, 유튜브에서 시청 가능 |
| 뛰뛰빵빵! 코리의 모험 (Go! Go! Cory Carson) | 귀여운 자동차 코리와 친구들의 일상을 다룬 이야기. 미국식 발음, 넷플릭스에서 시청 가능 |
| 도라 디 익스플로러(Dora the Explorer) | 남미 혈통을 가진 7살 도라와 원숭이 친구 부츠의 모험을 다룬 시리즈. 미국식 발음, 유튜브에서 시청 가능 |

**엄마표 영어 1~2년 차 추천 영어 동영상**

매일 영어 동영상을 보며 기본 어휘와 문장 패턴을 구어로 익혔다면 좀 더 다양한 주제의 동영상을 보여 주세요. 어휘를 확장하고 암묵적 지식을 다져 나갈 수 있습니다. 엄마표 영어를 시작하며 처음 보게 했던 영상들보다 한 편당 길이가 길거나 말하는 속도가 약간 빠르더라도 괜찮습니다. 자막 없이 영어 영상을 보는 것에 이미 익숙해진 아이들은 갑자기 영상을 거부하거나 이해가 안 된다고 답답해하지 않습니다.

| 제목 | 내용 |
|------|------|
| 찰리 앤 롤라(Charlie and Lola) | 영국 작가 로렌 차일드(Lauren Child)의 책을 바탕으로 만들어진 시리즈로 의젓한 오빠 찰리와 귀염둥이 동생 롤라의 이야기. 영국식 발음, 쿠팡 플레이에서 시청 가능 |
| 사이먼(Simon) | 스테파니 블레이크(Stéphanie Blake)의 그림책을 바탕으로 만들어진 시리즈로 장난꾸러기 토끼 사이먼의 일상을 다룬 이야기. 영국식 발음, 유튜브에서 시청 가능 |
| 라마 라마(Llama Llama) | 애나 듀드니(Anna Dewdney)의 그림책을 바탕으로 만들어진 시리즈로 라마 라마의 소소한 일상을 다룬 이야기. 미국식 발음, 넷플릭스에서 시청 가능 |
| 꼬마 탐정 토비와 테리(Treehouse Detectives) | 일상생활의 궁금증을 추리로 풀어나가는 탐정 토비와 테리의 이야기. 미국식 발음, 넷플릭스에서 시청 가능 |
| 옥토넛(Octonauts) | 곤경에 처한 바다 생명체를 구하는 바다 탐험대 옥토넛 대원들의 이야기. 영국식 발음, 넷플릭스와 유튜브에서 시청 가능 |
| 동물 탐정단(The Creature Cases) | 전 세계를 누비며 여러 가지 미스터리를 해결하는 탐정 샘과 키트의 이야기로 옥토넛 제작진이 만든 시리즈. 영국식 발음, 넷플릭스에서 시청 가능 |
| 44 캣츠(44 cats) | 음악대를 결성한 고양이 4마리의 모험 이야기. 미국식 발음, 넷플릭스에서 시정 가능 |
| 꼬마 의사 맥스터핀스 (Doc Mcstuffins) | 고장 난 장난감을 고치는 꼬마 의사 맥스터핀스의 이야기. 미국식 발음, 디즈니 플러스에서 시청 가능 |

| | |
|---|---|
| 왕실 탐정 미라(Mira, Royal Detective) | 왕실 탐정인 미라의 활약을 보여 주는 인도가 배경인 시리즈. 미국식 발음, 디즈니 플러스에서 시청 가능 |
| 아기를 부탁해 토츠 (T.O.T.S) | 아기 동물들을 돌보다 때가 되면 부모에게 아기를 배달하는 토츠 사무소 이야기. 미국식 발음, 디즈니 플러스에서 시청 가능 |
| 트루와 무지개 왕국(True and the Rainbow Kingdom) | 무지개 왕국에서 벌어지는 문제들을 해결하는 트루의 이야기. 미국식 발음, 넷플릭스에서 시청 가능 |
| 퍼피독 친구들(Puppy Dog Pals) | 어려움에 처한 친구들을 도와주고 모험을 즐기는 명랑한 강아지 빙고와 롤리의 이야기. 미국식 발음, 디즈니 플러스에서 시청 가능 |
| 달려라 멍멍아(Go, Dog! Go) | 호기심 많고 활달한 강아지 태그와 스쿠치가 마을에서 일어나는 문제를 해결하고 모험을 즐기는 이야기. 미국식 발음, 넷플릭스에서 시청 가능 |
| 리나는 뱀파이어 (Vampirina) | 이사 온 도시에서 새로운 인간 친구를 사귀고 싶어하는 꼬마 뱀파이어 리나의 이야기. 미국식 발음, 디즈니 플러스에서 시청 가능 |
| 개비의 매직하우스 (Gabby's Dollhouse) | 개비와 고양이 친구들이 함께 어울리며 문제를 해결하는 이야기로 실사와 애니메이션이 합쳐진 시리즈. 미국식 발음, 넷플릭스에서 시청 가능 |

## 엄마표 영어 2~3년 차 추천 동영상

영어 영상을 2년 이상 보여 주면 매일 영어 영상 보는 것이 완전히 일상으로 자리 잡게 됩니다. 아이가 영상 보는 것을 루틴으로 여기고 또 즐긴다면 아이에게 어느 정도 선택권을 넘겨 주세요. 요즘 어떤 시리즈를 보고 있는지는 중간중간 확인해 주세요. 아이가 특별히 관심을 보이는 주제가 있다면 비슷한 주제의 시리즈를 찾아 보여 주거나 영어 읽기도 시작한 단계라면 책과 연계된 영상을 함께 보여 주는 것도 좋습니다.

| 제목 | 내용 |
| --- | --- |
| 과학자 에이다의 위대한 말썽 (Ada Twist Scientist) | 꼬마 과학자 에이다와 두 친구 리비어, 펙이 머리를 맞대고 호기심을 해결하는 이야기로 STEM(과학, 기술, 공학, 수학) 관련 내용을 다룬 시리즈. 미국식 발음, 넷플릭스에서 시청 가능 |
| 에밀리의 유쾌한 실험실 (Emily's Wonder Lab) | 에밀리와 아이들이 함께 하는 STEM(과학, 기술, 공학, 수학) 관련 실험 시리즈. 미국식 발음, 넷플릭스에서 시청 가능 |
| 스토리봇에게 물어 보세요 (Ask the StoryBots) | 아이들이 궁금해하는 것들에 대한 답을 해 주는 로봇 친구들의 이야기. 미국식 발음, 넷플릭스에서 시청 가능 |
| 신기한 스쿨 버스(The Magic School Bus) | 매직 스쿨 버스를 타고 우주, 비닷속, 몸속으로 떠나는 모험 이야기. 미국식 발음, 넷플릭스에서 시청 가능 |
| 팬시 낸시(Fancy Nancy) | 책을 바탕으로 만들어진 시리즈로 멋쟁이 6살 낸시의 이야기. 미국식 발음, 쿠팡 플레이에서 시청 가능 |

| | |
|---|---|
| 핑칼리셔스(Pinkalicious) | 빅토리아 칸(Victoria Kann)의 책을 바탕으로 만들어진 시리즈로 핑크를 사랑하는 소녀, 핑칼리셔스의 이야기. 미국식 발음, 유튜브, 쿠팡 플레이에서 시청 가능 |
| 리틀 프린세스 소피아(Sofia the First) | 공주가 된 소피아가 왕실 생활에 적응하며 성장하는 이야기. 미국식 발음, 디즈니 플러스에서 시청 가능 |
| 아서(Arthur) | 책을 바탕으로 만들어진 TV 시리즈로 초등학교 3학년 아서의 일상을 다룬 이야기. 미국식 발음, 쿠팡 플레이와 유튜브에서 시청 가능 |
| 마이 리틀 포니(My Little Pony: Friendship Is Magic) | 유니콘 포니 트와일라잇 스파클과 다섯 명의 포니가 친구가 되어 우정에 생긴 문제들을 함께 해결해 나가는 이야기. 미국식 발음, 넷플릭스와 유튜브에서 시청 가능 |
| 출동 선행단(Team Zenko Go) | 도움이 필요한 마을 사람들을 돕고 문제를 해결하는 4명의 아이들의 이야기로 드림웍스 애니메이션 시리즈. 미국식 발음, 넷플릭스에서 시청 가능 |
| 퍼피 구조대(Paw Patrol) | 열 살 소년 라이더가 여섯 마리의 강아지 친구들과 함께 하는 구조 활동 이야기. 미국식 발음, 넷플릭스와 유튜브에서 시청 가능 |
| 슈퍼 몬스터(Super Monsters) | 해가 지면 귀여운 몬스터로 변해 문제를 해결하는 6명의 아이들 이야기. 미국식 발음, 넷플릭스에서 시청 가능 |
| 트롤(Trolls) | 춤과 노래는 계속된다(Trolls: The Beat Goes On): 영화 <트롤>을 원작으로 만들어진 TV 시리즈로 트롤 마을에서 일어나는 신나는 모험을 다룬 이야기. 미국식 발음, 넷플릭스에서 시청 가능 |

| | |
|---|---|
| 이지의 코알라 월드(Izzy's Koala World) | 호주 마그네틱 섬에서 코알라를 구조하고 치료하는 이지와 가족들의 이야기. 호주식 발음, 넷플릭스에서 시청 가능 |
| 블리피(Blippi) | 블리피 아저씨와 여러 가지를 실험하고 체험하는 시리즈. 미국식 발음, 넷플릭스와 유튜브에서 시청 가능 |

# 영어 그림책

## 뇌가 말랑해지는 영어 그림책

"우와! 이것 좀 봐봐. 신기하다. 그치? 엄마 때는 이런 거 없었는데."

영어 그림책을 아이에게 읽어 주기 시작하면서 "엄마 때는 말이야."라는 말을 자주 하곤 했습니다. 성인 영어 강사 일을 10년 넘게 했지만, 엄마표 영어를 시작하기 전까지는 영어 그림책의 세계를 몰랐습니다. 아이에게 읽어 줄 영어 그림책을 찾으며 '이런 세계가 있구나' 하며 여러 번 감탄하지 않을 수 없었습니다. 웃음이 터지는 반전, 탄성이 절로 나오는 표현 방식, 기발한 아이디어와 스토리, 삶에 대한 통찰이 담겨 있는 그림책들을 보며 저 역시 그림책의 세계에 빠져들었습니다.

세계적으로 유명한 독서 교육 전문가 짐 트렐리즈(Jim Trelease)에게는 어린 시절 책을 읽어 준 아버지가 있었습니다. 그때의 행복한 느낌을 기억하며 자신의 아이들에게도 매일 밤 책을 읽어 주었다고 합니다. 영어든 우리말이든 그림책을 매일 아이에게 읽어 주는 것은 돈으로 살 수 없는, 엄마 아빠가 아이에게 줄 수 있는 최고의 선물입니다. 특히 세계 최고의 그림 작가, 글 작가들이 만든 영어 그림책은 그 자체로 예술 작품입니다. 아이들의 상상력과 창의력, 감수성 발달에 그림책은 큰 도움이 됩니다.

어른도 그림책을 읽다 보면 동심이 살아나고 뇌가 말랑말랑해지는 기분이 듭니다. 뇌 발달이 폭발적으로 일어나고 있는 아이들에게 그림책이 주는 자극은 이루 말할 수 없겠죠. 부모와 살을 맞대고 함께 그림책을 읽으며 교감하는 동안 아이들은 정서적 안정감을 느낍니다. 책과 친해지는 것은 물론입니다. 어렸을 때부터 엄마 아빠가 매일 그림책을 읽어 줬던 아이들은 책을 좋아하는 사람으로 자랄 가능성이 높습니다.

엄마 아빠와 상호 작용하며 한글책뿐만 아니라 영어 그림책을 많이 보고 들은 아이들은 영어 그림책의 이야기와 그림, 그리고 단어를 연결 지으며 차곡차곡 인풋을 쌓아갑니다. 이 인풋은 맥락 없이 우리말 뜻과 1:1로 매칭하면서 외우는 영어 단어와는 다릅니다. 필요한 상황에 쓸 수 있고 말할 수 있는 인테이크(intake)가 됩니다. 제가 저희 딸과 장난치며 서로에게 자주 하는 말 중에 "You are hairy(넌 털이 많아)."가 있습니다. 애나 강(Anna Kang)의 〈You Are (Not) Small〉이라는 그림책 마지막 페이지에 나오는 문장으로 "You are hairy."가 무슨 뜻인지는 그림을 보면 바로 알 수 있습니다. 이렇게 그림책 속 이야기와 그림을 통해 알게 된 단어와 표현들은 휘발되지 않고 장기 기억으로 남을 가능성이 높습니다.

우리말과는 사뭇 다른 영어식 표현들도 그림책을 통해 익힐 수 있습니다. "여기가 어디지?"를 영어로 표현할 때, 우리말 단어를 그대로 영어 단어로 바꾸면 어색한 표현이 됩니다. 이 표현은 영어로 "Where am I?"라고 합니다. 그림책 속 주인공이 길을 잃고 "Where am I?"라고 말하는 장면을 여러 번 접한다면 이야기를 통해 뜻을 유추하고 번역 없이도 영어식 표현을 그대로 습득할 수 있습니다. 꾸준히 영어 그림책을 보고 들은 아이들은 영어 문자에도 익숙해집니다. 한글 그림책을 많이 읽어 주다 보면 아이가 스스로 한글을 깨치는 경우가 있습니다. 마찬가지로 영어 그림책을 많이 접한 아이는 영어 소리와 문자의 관계를 차츰 알게 됩니다. 본격적으로 파닉스와 읽기 연습을 할 때 훨씬 수월하게 진행할 수 있습니다.

저는 아이가 4살 때 엄마표 영어를 시작해 거의 매일 밤 영어 그림책을 읽어 주었습니다. 최소 1년에 200권, 5년으로 계산하면 못해도 1,000권을 읽어 준 셈입니다. 엄마와 함께 영어 그림책을 1,000권 넘게 보고 듣고 읽은 아이는 그림책을 통해 알게 된 영어 단어와 표현들이 많습니다. 그냥 뜻만 아는 것이 아니라 어떤 맥락에서 그 단어와 표현들이 쓰일 수 있는지 뉘앙스도 대부분 알고 있습니다. 그림책 속 문장을 보고 들으며, 많은 영어 문장을 접하는 동안 어느새 영어 어순에도 익숙해졌습니다. 파닉스와 읽기는 늦게 시작했지만, 어휘가 받쳐 주고 머릿속에 영어 문장 구조가 들어가 있으니 읽기 유창성도 빠르게 향상되었습니다.

스펀지 같은 아이에게 세계 최고의 작가들이 만든 영어 그림책을 보여 주고 들려주세요. 아이들의 뇌 발달, 언어 발달, 정서 발달에 큰 도움이 됩니다. 영어 그림책을 매개로 아이와 소통하고 교감하면 함께 미소 지으며 떠올릴 수 있는 추억이 많아집니다. 더불어 영어 그림책을 양분으로 삼아 아이의 영어가 싹트고 자라납니다.

## 어떤 그림책을 사야 할까?

엄마표 영어 초반에 덜컥 구매한 전집은 제대로 활용하지 못하고 묵히게 되는 경우가 많습니다. 저 역시 엄마표 영어를 시작하면서 중고로 전집을 산 적이 있습니다. 출간된 지 꽤 오래된 전집이라 비교적 저렴한 가격에 사긴 했습니다. 그러나 조급한 마음에 무작정 구매한 전집이라 제대로 읽어 주지도 못하고 결국 헐값에 팔았습니다. 중고나라나 당근마켓에 들어가 보면 거의 새 책이라며 올라온 전집들이 많습니다. 처음 생각과 달리 잘 활용하지 못하는 경우가 그만큼 많아서겠지요.

처음에는 엄마의 시간과 에너지가 좀 들더라도 아이의 취향과 관심사, 연령을 고려하여 전집보다는 단행본으로 몇 권씩 구매하는 편이 낫습니다. 몇 번 사다 보면 아이가 어떤 작가의 그림책을 좋아하는지, 어떤 스타일의 그림체를 좋아하는지, 어떤 이야기 취향을 가지고 있는지 알 수 있습니다. 그러면 아이가 좋아할 만한 그림책을 고르기가 차츰 쉬워집니다. 아이와 재미있게 읽을 생각에 그림책 고르는 시간이 즐거워지기까지 합니다.

저희 딸은 모 윌렘스(Mo Willems), 닉 새럿(Nick Sharratt)의 그림책처럼 웃기고 반전이 있는 이야기, 에르베 튈레(Herve Tullet), 빌 코터(Bill Cotter)의 그림책처럼 상호 작용을 하며 읽을 수 있는 이야기, 데이빗 쉐넌(David Shannon)의 데이빗 시리즈나 이안 포크너(Ian Falconer)의 올리비아 시리즈처럼 엉뚱하고 개구진 주인공들이 나오는 그림책을 좋아했습니다. 아이의 취향을 파악하니 그림책 고르기가 더 이상 어렵지 않았습니다. 틈틈이 온라인 서점에 들어가 그림책을 고르고 장바구니에 넣어 둔 후 매달 조금씩 나눠서 구매하고 있습니다.

언어 학자 스티븐 크라셴(Stephen Krashen) 박사는 그의 저서 『읽기 혁명』에서 책이 가까이에 있어야 하는 이유를 다음과 같이 말합니다.

"언어 교육을 위해서 해야 할 첫 번째 단계는 책을 가까이 할 수 있는 방안을 마련하는 것이다. (…중략…) 책을 언제든지 볼 수 있고 읽을거리가 풍부하다면 더 많이 읽게 된다는 일반적인 견해를 지지하는 연구가 많이 있다. 가정의 독서 환경은 아이들이 얼마나 책을 읽을 수 있는가와 관련이 있다. 책을 더 많이 읽는 아이들은 분명 집에 책이 더 많다."

아이들은 같은 책을 반복해서 보며 심리적 안정감을 느낍니다. 좋아하는 그림책은 몇 번이고 반복해서 보려고 합니다. 도서관을 적극적으로 활용하되 아이의 반응이 좋은 책들은 구매해서 언제든 집에서 볼 수 있게 해주세요.

**그림책의 종류**

그림책을 구매할 때 그림책 종류도 확인해 보세요. 같은 책이라도 여러 가지 판형으로 나오는 경우가 많습니다.

보드북(Board Book): 표지도 내지도 모두 두껍고 모서리가 둥근 책으로 영아용 책에 많습니다.

페이퍼백(Paper Back): 표지와 내지가 모두 코팅 종이로 된 얇은 책으로 가격이 제일 저렴합니다.

하드커버(Hard Cover): 양장본이라고 하는 표지가 두꺼운 책입니다.

플랩북(Flap Book): 페이지에 접힌 부분을 들춰 보는 책으로 아이들의 호기심을 자극합니다.

팝업북(Pop Up Book): 책장을 폈을 때 그림이 입체적으로 튀어 나오는 책입니다. 어른들도 감탄할 만큼 멋진 영어 팝업북들이 많습니다.

**그림책을 구매할 수 있는 온라인 서점**

영어 그림책은 한글책과 마찬가지로 YES24, 알라딘, 교보문고 등의 온라인 서점에서 쉽게 구매할 수 있습니다. 같은 책이라도 가격 차이가 많이 나는 경우가 종종 있으니 비교 후 구매하시길 추천합니다. 원서를 주로 파는 온라인 서점은 웬디북, 동방북스, 하프프라이스북 등이 있습니다.

웬디북(https://www.wendybook.com/)

다양한 원서를 할인된 가격에 구매할 수 있습니다. 연령별, 주제별, 판형별, AR 지수, 렉사일 지수 등 여러 가지 필터를 사용하여 책을 고를 수 있습니다. 상세 설명 페이지에 책 내용을 미리 확인할 수 있는 사진이 많습니다. 품절된 도서는 입고 알림을 신청하면 카톡으로 알림이 옵니다.

동방북스(http://www.tongbangbooks.com)

 연령별, AR 지수 등의 필터를 이용해 책을 고를 수 있습니다. 창고 개방 행사 등을 통해 저렴한 가격에 원서들을 구매할 수 있는 기회가 1년에 여러 번 있습니다.

하프프라이스북(http://www.halfpricebook.co.kr)

 평일 오전 10시, 오후 4시 30분에 슈퍼 바이(Super Buy)라는 리스트가 올라옵니다. 이때 큰 폭으로 할인된 가격에 영어책을 구입할 수 있습니다.

## 그림책 읽기 루틴 만들기

"영어 그림책을 읽어 주려고 해도 듣기 싫은지 금세 다른 곳으로 가 버려요."

"영어 그림책을 읽어 주면 읽지 말라고 책을 빼앗아 가요."

"영어 그림책에 별 관심을 보이지 않아요."

아이가 영어 그림책에 별 관심을 보이지 않거나 거부한다는 이야기를 종종 듣습니다. 이때는 매일 일정한 시간에 한글책 읽어 주기를 먼저 해 보시라고 말씀드립니다. 아이가 엄마 아빠와 책 읽는 것을 일상으로 받아들이고 좋아해야 영어 그림책 보는 시간도 좋아할 수 있습니다. 한글책 읽어 주기가 일상이 되었다면 영어책도 1권 슬쩍 끼워서 읽어 주세요. 그래도 여전히 영어 그림책을 거부한다면 아래와 같은 방법을 시도해 보세요.

한글책 읽어 주기 　〉　루틴　〉　영어책 읽어 주기　〉　루틴

### 동영상 활용

책보다 자극적이어서 아이들의 눈길을 붙잡아 두는 것이 동영상입니다. 유명한 그림책의 경우 애니메이션처럼 만들어 놓은 영상들이 유튜브에 많습니다. '책 제목+animated'라고 검색하면 찾을 수 있습니다. 예를 들어 'Hooray for fish+animated'라고 검색하면 멋진 그림책 동영상을 찾을 수 있습니다. 그림책에 흥미를 보이지 않을 때 영상을 먼저 보여 주고 책 읽어 주기를 시도해 보세요.

### 노래와 챈트로 만들어진 그림책 활용

제이와이북스(JY Books)에서 나오는 노부영(노래로 부르는 영어)이나 투판즈(Two Ponds)에서 나오는 픽토리는 그림책 내용을 노래 또는 챈트로 만든 시리즈입니다. 책을 좋아하지 않는 아이들은 있어도 노래를 싫어하는 아이는 많지 않습니다. 나도 모르게 흥얼거리게 만드는 음악의 힘을 빌려 영어 그림책으로 관심을 유도할 수 있습니다. 아이가 관심을 보일 만한 몇 권을 먼저 구매해 보세요.

## 쌍둥이북 활용

유명한 영어 그림책들은 우리말로 번역되어 나와 있습니다. 이런 책들을 페어북(Pair Book) 또는 쌍둥이북이라고 부릅니다. 우리말로 번역된 그림책을 먼저 읽어 주고 그다음 원서를 읽어 주는 것도 아이의 흥미를 끄는 한 방법이 될 수 있습니다.

4살, 5살 연년생 아들 둘을 키우는 강수미 님은 아이들을 둘 다 영어 유치원에 보내기는 경제적으로 무리라고 생각했습니다. 엄마가 아이들에게 집에서 해 줄 수 있는 것을 고민하다가 영어 그림책을 매일 읽어 주기로 마음먹었습니다. 잠자리에서 한글책을 읽어 주던 루틴에 영어 그림책을 1~2권 더했습니다. 다행히 책에 관심이 많은 아이들이라 영어 그림책에도 별 거부감이 없었습니다. 수미 님은 동물을 좋아하는 아이들을 위해 사자, 코끼리, 공

룡 등이 나오는 친숙하고 유머러스한 그림책을 찾아 매일 읽어 주었습니다. 팝업북, 플랩북처럼 아이들이 좋아하는 조작북도 적극적으로 활용했습니다. 이미 읽었던 그림책의 영상을 유튜브에서 찾아 보여줬을 때, 아이들의 반응을 보며 수미 님은 절로 웃음이 나왔습니다.

"엄마, 엄마! 이거 나 알아요! Can you do it? I can do it!"

"맞아! 형! 우리 그때 같이 봤잖아. 저 고릴라 나오는 책!"

"그래. 저번에 엄마가 읽어 준 책 맞아."

아이들은 그림책 영상을 보고 반가워하며, 동작을 따라 하고 반복되는 문장을 소리 내어 말했습니다. 매일 밤, 엄마가 그림을 짚어 주며 읽어 준 영어 그림책 속 단어와 문장들을 아이들은 스펀지처럼 쏙쏙 흡수하고 있었습니다. 수미 님은 영어 그림책의 효과를 믿고 앞으로 몇 년간 꾸준히 아이들에게 영어 그림책을 읽어 줄 계획입니다.

처음부터 너무 무리하는 대신 하루에 영어 그림책 한 권으로 시작해 보세요. 하루 한 권이라도 매일 읽어 주다 보면 아이에게도 엄마에게도 그림책 읽기가 양치질처럼 매일 실천하는 일이 됩니다. 이렇게 3년간 지속한다면 무려 1,000권이 넘는 영어 그림책을 아이에게 읽어 주는 셈입니다. 똑똑똑 지속적으로 떨어지는 낙숫물이 댓돌을 뚫듯 아이에게 매일 영어 그림책을 읽어 주는 시간은 놀라운 변화를 만들어 낼 수 있습니다.

## 그림책 낭독의 기술

"엄마가 영어 그림책을 꼭 읽어 줘야 할까요?"

"아니요."

강연 중 질문을 드렸더니 제일 앞에 앉아 계신 분이 작은 목소리로 대답하셨습니다. 의외의 대답이라 다시 물었습니다.

"그래요? 그럼 어떻게 하면 될까요?"

"아빠가… 읽어 줘도 돼요."

저뿐만 아니라 참석하신 모든 분들이 소리 내어 웃었습니다. 이 질문은 발음에 자신이 없어서 아이에게 영어 그림책을 읽어 줘도 될까 망설이는 분들을 위한 것이었습니다. 영어 그림책을 부모가 읽어 주는 대신 CD나 세이펜을 활용하는 것도 괜찮습니다. 다만, 아이 혼자 읽게 두는 대신 엄마 아빠가 함께 그림책을 보고 들으면 아이에게 영어 노출 환경을 만들어 주는 동시에 정서적 안정감까지 줄 수 있습니다. 그림책을 매개로 대화를 나누며 아이의 속내를 알 수 있는 시간도 됩니다.

영어 그림책을 읽어 주고는 싶은데 자신이 없다면 아이에게 읽어 주기 전, 먼저 소리 내어 읽어 보고 모르는 단어는 찾아보세요. 유튜브에서 그림책 리드 어라우드(Read Aloud) 영상을 참고해 보는 것도 좋은 방법입니다. 꾸준히 아이에게 영어 그림책을 읽어 주다 보면 엄마의 영어 실력까지 좋아질 수 있습니다. 그림책을 읽어 주기 전에는 책 제목과 이름을 먼저 말해 주세요. "We Are in a Book by Mo Willems."와 같이 작가 이름 앞에 by를 붙여주시면 됩니다. 그다음 표지에 관한 이야기를 영어 또는 우리말로 나누세요. 책날개에 쓰인 작가 소개에서 흥미로운 부분이 있으면 그걸 이야기해 주셔도 좋습니다. 작가에 대해서 궁금해하는 아이들도 많습니다.

그림책을 읽어 줄 때는 그림을 짚으면서 아이에게 힌트를 주세요. 특히 엄마표 영어 초반에는 아이가 듣고 이해할 수 있는 단어가 많지 않으므로 그림을 보며 이해하는 동시에 이미지와 소리를 연결시킬 수 있도록 도와주어야 합니다. 동물을 좋아하는 저희 딸은 여러 동물이 등장하는 〈Dear Zoo〉라는 플랩북을 좋아해서 자주 봤습니다. 페이지마다 등장하는 동물 그림을 짚어 주며 영어로 여러 번 알려 주니 나중에는 플랩을 들추기도 전에 어떤 동물이 나올지 영어로 외치곤 했습니다. 'happy, sad, angry, sleepy'처럼 감정이나 느낌을 나타내는 단어들은 직접 표정을 지어 보이며 알려 주고 기본 동사들은 직접 동작을 보여 주면 아주 효과적입니다.

그래도 아이가 우리말 뜻을 묻는다면 알려 주세요. 그러나 직독직해하듯 모든 문장을 우리말로 해석해 주지는 마세요. 영어로 읽어 준 후 바로 우리말로 해석해 주면 아이들은 영어 소리에 귀 기울이는 대신 우리말 해석을 기다립니다. 아이가 부지런히 그림과 영어 소리를 매칭하며 유추하는 과정 없이 단지 우리말 해석만 들는다면 영어 그림책의 효과는 크지 않습니다.

### 리드 어라우드 채널

북스(Vooks)

 유료 어플 '북스'에서 운영하는 채널로 애니메이션으로 제작된 영어 그림책 영상을 샘플로 많이 볼 수 있습니다.

스토리타임 애니타임(Storytime Anytime)

 캐나다 여성분이 다양한 영어책을 읽어 주는 채널입니다. 핼러윈, 발렌타인데이, 크리스마스 등을 주제로 플레이리스트가 만들어져 있어서 시즌에 맞는 그림책 영상을 보여 주기 좋습니다.

리드 어라우드 칠드런즈 북스 앤 펀 스터프(Read Aloud Childrens Books And Fun Stuff)

 〈Not A Box〉, 〈The Watermelon Seed〉, 〈I Want My Hat Back〉처럼 상을 받은 유명한 영어 그림책의 리드 어라우드 영상이 많이 올라와 있는 채널입니다.

### 스토리타임 리드 어라우즈(Story Time Read Alouds)

 아이들에게 인기 만점인 〈엘리펀트 앤 피기〉 시리즈를 읽어 주는 영상이 여러 편 올라와 있습니다.

### 애니메이티드 칠드런즈 북스(Animated Children's Books)

 애니메이션으로 만들어진 유명 그림책 동영상 30편 가량이 올라와 있는 채널입니다.

## 영어 그림책 낭독을 위한 팁
### 목소리 톤을 높이세요

영어는 우리말보다 소리의 음역대가 높습니다. TV에 나오는 영어권 사람들이 한국어로 말할 때를 떠올려 보세요. 우리가 한국어를 말하는 톤보다 훨씬 높은 톤으로 말합니다. 우리말은 500~1,500Hz 사이, 영어는 1,000~4,000Hz의 음역대에 속합니다. 영국 영어는 1만Hz 이상의 초고주파수 음역대까지 올라가기도 합니다. 우리말은 '도', 영어는 '솔' 정도의 음이라고 생각하고 전반적인 목소리 톤을 높이고 영어책을 읽어 주세요.

### 억양(intonation)을 살리세요

문장 내에서 강세가 약한 전치사, 관사, be 동사, 조동사 등의 기능어(Function Words)들은 낮게, 약하게 발음해야 합니다. 중요한 명사, 동사, 형용사 등의 의미어(Content Words)들은 좀 더 높게, 강하게 발음하면 문장의 억양(intonation)이 자연스러워집니다. 예를 들어, 아래 문장은 진하게 쓰인 글씨에 강세를 주고 나머지 부분을 약하게 발음해야 합니다.

**Why** are you being **cranky?** (왜 짜증이야?)

**What** do you **want** for **breakfast?** (아침으로 뭘 먹을래?)

### 특별히 강조해야 하는 단어가 있다면 높게, 세게 읽어 주세요

작가가 강조하고 싶은 단어들은 대문자나 이탤릭체로 쓰여 있습니다. 대명사는 원래 약하게 발음해야 하지만 강조를 하면 뉘앙스가 달라집니다.

Thank YOU. (내가 더 고맙습니다.)

Do you want *me* to go there? (너는 내가 거기 가기를 원해?)

### 끊어 읽기에 신경 쓰세요

우리말도 그렇지만 영어도 끊어 읽기가 되지 않으면 의미 전달이 제대로 안 될 수 있습니다.

아버지 가방에 들어가신다? Vs. 아버지가 방에 들어가신다.

오늘 밤 나무를 심자. Vs. 오늘 밤나무를 심자.

엄마, 나물 주세요. Vs. 엄마, 나 물 주세요.

It is a good idea /to take a walk /every morning.

I go to bed/ at 9 p.m. /after reading some books.

이렇게 to 부정사 앞, 전치사 앞 등에서 가볍게 끊어 주세요. 끊어 읽기의 경우, 답이 딱 하나는 아니지만 적절치 않은 곳에서 끊지 않도록 유의하세요. 아이에게 그림책을 읽어 주기 전에 미리 한 번 소리 내어 읽어 보시길 추천합니다.

**라임(rhyme)을 살려서 읽어 주세요**

그림책을 읽다 보면 라임이 들어가 있는 부분들을 종종 만날 수 있습니다. 이때는 리듬도 넣어서 라임을 살려 읽어 주세요. 라임이 들어간 단어들을 손가락으로 짚으면서 읽어 주다 보면 나중에 파닉스 학습을 할 때도 도움이 됩니다.

The cat on the mat is fat.

My Dad is sad.

# 추천 영어 그림책

**엄마표 영어 첫 영어 그림책**

엄마표 영어를 시작하며 아이에게 보여 주고 읽어 줄 첫 영어 그림책으로는 그림만 봐도 어떤 이야기인지 이해가 되는 쉬운 그림책을 추천합니다. 그런 그림책들은 대부분 한두 개의 단어나 문장으로 되어 있어 그림을 짚으며 읽어 주면 우리말로 해석을 해줄 필요가 없습니다. 또한 플랩북, 팝업북, 촉감북 등 아이들이 좋아할 만한 다양한 판형의 그림책을 보여줌으로써 영어 그림책에 대한 흥미를 돋울 수 있습니다.

| 표지 | 책 제목 (저자), 출판사 | 내용 |
|---|---|---|
| | A Bear-y Tale (Anthony Browne), Walker Books (UK) | 요술 연필로 그림을 그려서 여러 가지 상황을 헤쳐 나가는 꼬마 곰 이야기 |
| | A Birthday for Cow! (Jan Thomas), HMH Books for Young Readers | 생일을 맞은 소를 위해 열심히 케이크를 준비하지만 예상치 못한 소의 반응에 실망하는 동물 친구들 이야기 |
| | A Bit Lost (Chris Haughton), Walker Books (UK) | 엄마를 잃어버린 아기 부엉이가 동물 친구들의 도움으로 엄마 부엉이를 찾는 이야기 |
| | A Polar Bear in the Snow (Mac Barnett), Walker Books (UK) | 온 세상이 하얗게 눈으로 덮인 날, 잠에서 깨서 어디론가 떠나는 북극곰 이야기 |

| | | |
|---|---|---|
| | Alphabet Ice Cream (Nick Sharratt, Sue Heap), Puffin Books | 각 알파벳으로 시작하는 여러 가지 단어를 쨍한 색감의 그림으로 보여 주는 알파벳 그림책 |
| | B is for Box (David A. Carter), Little Simon | 각 알파벳으로 시작하는 여러 가지 단어를 보여 주는 재치 넘치는 팝업북 |
| | Bear Hunt (Anthony Browne), Puffin Books | 사냥꾼에게 잡히지 않기 위해 요술 연필로 그림을 그리며 위기를 모면하는 꼬마 곰 이야기 |
| | Beautiful Oops! (Barney Salzberg), Workman Publishing | 실수로 찢어진 종이, 잘못 그린 선, 커피 자국 등도 멋진 작품이 될 수 있음을 보여 주는 그림책 |
| | Big Cat, Little Cat (Elisha Cooper), Roaring Brook | 2018년 칼데콧 아너상을 받은 작품으로 만남과 이별의 과정을 큰 고양이와 작은 고양이를 통해 보여 주는 이야기 |
| | Blue Hat, Green Hat (Sandra Boynton), Simon&Schuster | 색깔과 옷에 관한 어휘를 짧은 문장 속에 유머러스하게 담은 그림책 |
| | Brown Bear, Brown Bear, What do you See? (Eric Carle, Bill Martin Jr.), Henry Holt&Company | 'What do you see?'라는 문장 패턴과 색깔, 동물에 관한 어휘를 익힐 수 있는 그림책 |
| | Brush Your Teeth, Please (Leslie McGuire, Jean Pidgeon), Two Ponds | 양치질할 때 쓰는 표현을 익히고 종이 모형 칫솔로 양치질 연습을 해 볼 수 있는 팝업북 |
| | Colour Me Happy! (Shen Roddie), Macmillan Children's Books | 슬픔은 파랑, 화는 빨강, 질투는 초록처럼 다양한 감정을 색깔로 나타낸 그림책 |

| | | |
|---|---|---|
| | David Gets in Trouble (David Shannon), Scholastic | 집에서, 학교에서 온갖 말썽을 다 부리고 혼이 나는 개구쟁이 데이빗의 이야기 |
| | Dear Santa (Rod Campbell), Little Simon | 특별한 선물을 받고 싶다는 아이에게 딱 맞는 크리스마스 선물을 찾아 보내는 산타 이야기 |
| | Dear Zoo (Rod Campbell), Little Simon | 동물원에 여러 번 편지를 보낸 끝에, 마음에 드는 반려동물을 찾게 되는 이야기 |
| | Doggies : A Counting and Barking Book (Sandra Boynton), Simon & Schuster | 개가 짖는 다양한 소리와 숫자를 익힐 수 있는 짧지만 재미있는 그림책 |
| | Duck! Rabbit! (Amy Krouse Rosenthal , Tom Lichtenheld), Chronicle Books | 오리인지 토끼인지 알쏭달쏭한 동물을 두고 두 사람이 입씨름을 하는 이야기 |
| | Everybody! (Elise Gravel), Scholastic | 누구나 다양한 감정이 있다는 사실처럼 사람은 같은 점도 있고 각양각색 다른 점도 있다는 것을 보여 주는 그림책 |
| | Everything… (Emma Dodd), Scholastic | 아기 코알라의 모든 것을 사랑하는 엄마 코알라의 마음을 잔잔하게 들려주는 이야기 |
| | Excuse Me! (Karen Katz), Grosset & Dunlap | 여러 가지 상황에서 예의를 갖추어 상대방에게 해야 하는 말을 알려 주는 그림책 |
| | Far Far Away (John Segal), Two Ponds | 원하는 물건을 엄마가 사주지 않자, 잔뜩 화가 나서 멀리멀리 떠나려는 꼬마 돼지 이야기 |

| | | |
|---|---|---|
| | Faster, Faster! Nice and Slow! (Nick Sharratt, Sue Heap), Puffin Books | 재미있는 그림으로 여러 가지 상황을 보여 주며 반대말을 알려 주는 그림책 |
| | First the Egg (Laura Vaccaro Seeger), Roaring Brook | 2008년에 칼데콧 아너상과 가이젤 아너상을 받은 작품으로 닭이 먼저인지, 달걀이 먼저인지와 같은 질문을 던지는 그림책 |
| | Forever (Emma Dodd), Templar Publishing | 아기 북극곰을 영원히 사랑하고 응원하겠다는 엄마 북극곰의 마음을 들려주는 이야기 |
| | Frog and Fly (Jeff Mack), Philomel Books | 매번 파리를 잡아먹다가 마지막엔 영리한 파리에게 속는 개구리에 대한 6개의 짧은 이야기 |
| | From Head to Toe (Eric Carle), Two Ponds | 다양한 동물들의 동작을 따라 하며 "I can do it!"을 외치게 하는 그림책 |
| | Glad Monster, Sad Monster (Ed Emberley , Anne Miranda), Little, Brown and Company | 책에 들어있는 몬스터 가면을 쓰고 어떤 상황에서 어떤 감정을 느끼는지 이야기 나눠 볼 수 있는 그림책 |
| | Go Away Big Green Monster! (Ed Emberley), Little, Brown and Company | 초록 괴물의 눈, 코, 귀가 나타났다가 사라지는 구성으로 색깔과 얼굴 부위 명칭을 익힐 수 있는 그림책 |
| | Good News, Bad News (Jeff Mack), Chronicle Books | 'Good News, Bad News'라는 문장만 반복되지만, 토끼와 생쥐가 겪는 상황을 통해 내용을 이해할 수 있는 그림책 |

| | | |
|---|---|---|
| | Good Night, I Love You (Caroline Jayne Church), Cartwheel Books | 귀엽고 사랑스러운 두 명의 아이가 잘 준비를 하나씩 끝내고 잠자리에 드는 이야기 |
| | Goodnight, Mr Panda (Steve Antony), Hodder Children's Books | 자기 전에 양치질은 했는지, 목욕은 했는지, 잠옷은 입었는지 잔소리를 하는 미스터 판다와 동물 친구들의 이야기 |
| | Grow Up, David! (David Shannon), Scholastic | 말썽을 부릴 때마다 철 좀 들라고 형에게 잔소리를 듣지만, 여전히 말썽을 피우는 데이빗의 이야기 |
| | Hippo Has a Hat (Nick Sharratt, Julia Donaldson), Macmillan Children's Books | 신나는 파티를 위해 자신에게 어울리는 옷과 신발, 모자 등을 골라 입어 보는 동물 친구들의 이야기 |
| | How Do I Love You? (Caroline Jayne Church , Marion Dane Bauer), Cartwheel Books | 아이를 사랑하는 방식을 '춤추는 눈송이들이 겨울의 추위를 사랑하듯이'와 같이 자연 속 여러 가지 현상에 빗대어 표현한 그림책 |
| | How Do You Feel? (Anthony Browne), Walker Books | 여러 가지 상황에 놓인 침팬지를 통해 다양한 감정을 보여 주는 그림책 |
| | I Am (Not) Scared (Anna Kang, Christopher Weyant), Scholastic | 롤러코스터를 타기 전, 별로 무섭지 않다고 서로에게 허세를 부리는 두 친구 이야기 |
| | I Like Books (Anthony Browne), Walker Books | 무서운 이야기, 만화책, 알파벳 책 등 다양한 책을 좋아하는 꼬마 침팬지 이야기 |
| | I Love You Through And Through (Caroline Jayne Church, Bernadette Rossetti Shustak), Cartwheel Books | 머리부터 발끝까지 아이의 모든 것을 사랑한다고 말하며 엄마의 마음을 전할 수 있는 그림책 |

| | | |
|---|---|---|
| | I Need a Hug (Aaron Blabey), Scholastic | 동물 친구들에게 따뜻한 포옹을 해 달라고 부탁하지만 계속 거절 당하는 포큐파인 이야기 |
| | I Went Walking (Sue Williams, Julie Vivas), jybooks | 산책을 나갔다가 검은 고양이, 갈색 말, 분홍색 돼지 등 여러 동물을 만나게 되는 소녀 이야기 |
| | I Will Love You Forever (Caroline Jayne Church), Cartwheel Books | 영원히 아이를 사랑하겠다는 엄마의 마음을 아이가 성장하는 과정과 함께 보여 주는 그림책 |
| | I'll Wait, Mr. Panda (Steve Antony), Scholastic | 친구들을 위한 깜짝 선물로 도넛을 만드는 미스터 판다와 기다리지 못하고 가 버리는 동물 친구들의 이야기 |
| | I'm Hungry! (Rod Campbell), Macmillan Children's Books | 배고픈 동물들이 자기가 좋아하는 음식을 먹는 내용을 담은 조작북 |
| | I'm the Best Artist in the Ocean! (Kevin Sherry), Dial Books | 바닷속에서 자신이 최고의 예술가라고 뻐기는 오징어 이야기 |
| | I'm the Biggest Thing in the Ocean! (Kevin Sherry), Dial Books | 바닷속에서 자신이 제일 크다고 허풍을 치는 엉뚱한 오징어 이야기 |
| | Inside Mouse, Outside Mouse (Lindsay Barrett George), Greenwillow Books | 사는 곳도 노는 방법도 다를 수밖에 없는, 집 안에서 사는 쥐와 집 밖에서 사는 두 마리 쥐 이야기 |
| | It looked like spilt milk (Charles Green Shaw), Harper Collins | 새하얀 구름이 시시각각 모양을 바꿔 쏟아진 우유, 토끼, 생일 케이크처럼 보인다고 알려 주는 그림책 |

| | | |
|---|---|---|
| It's Mine! (Rod Campbell), Macmillan Children's Books | 기다란 코, 분홍색 혀, 꼬불거리는 꼬리처럼 동물들의 신체 부위를 보며 어떤 동물인지 유추해 보는 그림책 | |
| Lemons Are Not Red (Laura Vaccaro Seeger), Roaring Brook | 빨간 레몬, 회색 플라밍고처럼 원래 색이 아닌 과일이나 동물들이 책장을 넘기면 본연의 색깔이 되는 그림책 | |
| Let's Go Visiting(Sue Williams, Julie Vivas) Voyager Paperbacks | 동물 농장에 사는 아기 동물들을 방문하여 함께 노는 소녀와 강아지 이야기 | |
| Let's Play (Herve Tullet) Chronicle Books | 노란 점을 손가락으로 따라가며 놀이하듯 상호 작용하며 볼 수 있는 그림책 | |
| Maybe (Chris Haughton), Walker Books | 호랑이가 있으니 망고나무에 가지 말라는 엄마 말을 듣지 않는 세 마리 꼬마 원숭이 이야기 | |
| Me First (Michael Escoffier&Kris Di Giacomo), Enchanted Lion Book | 뭐든지 자기가 먼저라고 나서는 천방지축 꼬마 오리 이야기 | |
| Mix It Up! (Herve Tullet), Chronicle Books | 두 가지 색깔을 섞으면 어떤 색깔이 되는지 물감 놀이하듯 보여 주는 그림책 | |
| Monkey and Me (Emily Gravett), Two Hoots | 원숭이 인형과 함께 "Monkey and Me"를 외치며 여러 가지 동물 흉내를 내는 소녀 이야기 | |
| My Friends Make Me Happy! (Jan Thomas) HMH Books for Young Readers | 자신을 행복하게 만드는 것을 맞춰 보라는 양의 질문에 엉뚱한 대답을 내놓는 동물 친구들 이야기 | |

| | | |
|---|---|---|
| | My Presents (Rod Campbell) Macmillan Children's Books | 친구들이 어떤 생일 선물을 주었는지 플랩을 들추며 알아보는 조작북 |
| | My Toothbrush Is Missing (Jan Thomas) HMH Books for Young Readers | 개(dog)의 칫솔이 없어지자 동물 친구들이 함께 사라진 칫솔을 찾는 이야기 |
| | Night Animals (Gianna Marino), Viking Books for Young Readers | 깜깜한 밤중에 야행성 동물이 나타날까 봐 무섭다고 호들갑을 떠는 야행성 동물들의 이야기 |
| | Nighty Night, Little Green Monster (Ed Emberley), LB Kids | 책장을 넘길 때마다 아기 괴물의 눈, 코, 귀가 나타났다가 차례대로 사라지고 마지막은 밤 인사로 마무리되는 그림책 |
| | Nighty-Night (Leslie Patricelli), Candlewick Press | 저녁 식사, 목욕, 잠자리 인사까지 자기 전까지 일어나는 일들을 차례대로 보여 주는 그림책 |
| | No! David! (David Shannon), Scholastic | 잠시도 가만있지 못하고 사고를 치며 엄마에게 "No! David!"란 말을 듣는 말썽꾸러기 데이빗 이야기 |
| | Not a Box (Antoinette Portis) HarperCollins | 종이박스 하나를 두고 상상력을 펼치며 놀이하는 꼬마 토끼 이야기 |
| | Not a Stick (Antoinette Portis) HarperCollins | 막대기 하나를 가지고 놀며 상상력을 펼치는 꼬마 토끼 이야기 |
| | Oh No, George! (Chris Haughton) Walker Books | 착하게 집을 지키고 있겠다고 약속했지만 참지 못하고 여러 가지 사고를 치는 강아지 조지의 이야기 |

| | | |
|---|---|---|
| One to Ten and Back Again (Nick Sharratt, Sue Heap) Puffin Books | 재미있는 그림을 이용하여 1부터 10까지 세어 보고, 다시 10부터 1까지 세어 보는 그림책 | |
| Opposites (Sandra Boynton) Little Simon | fast와 slow, hot과 cold와 같은 여러 가지 반대말을 재미 있는 그림을 보며 익힐 수 있는 그림책 | |
| Orange Pear Apple Bear (Emily Gravett), Macmillan Children's Books | 오렌지, 배, 사과, 곰이란 4가지 단어로 이루어지는 라임(rhyme)을 보여 주는 그림책 | |
| Pat The Bunny (Dorothy Kunhardt), Golden Books | 부드러운 토끼털을 쓰다듬고, 꽃 향기를 맡아 보고, 반지를 껴 보는 등 오감을 이용하며 볼 수 있는 그림책 | |
| Plant a Kiss (Peter H. Reynolds, Amy Krouse Rosenthal), HarperFestival | 키스를 심고 잘 키워서 사람들에게 나눠주며 축복을 전하는 소녀 이야기 | |
| Plant the Tiny Seed (Christie Matheson), Greenwillow Books | 작은 씨앗들에서 싹이 나고 꽃이 피는 과정을 책과 상호 작용하며 살펴볼 수 있는 그림책 | |
| Please Mr. Panda (Steve Antony), Hodder Children's Books | 동물 친구들에게 도넛을 나눠 주려다 친구들의 예의 없는 말투에 기분이 상한 미스터 판다 이야기 | |
| Press Here (Herve Tullet), Chronicle Books | 책에서 말하는 대로 노란 점을 누르고 손뼉을 치는 등의 행동을 하고 책장을 넘기면 여러 가지 변화를 볼 수 있는 그림책 | |
| Rain! (Christian Robinson, Linda Ashman), HMH Books for Young Readers | 비 오는 어느 날, 매사 불평불만이 많은 할아버지의 마음까지 열게 하는 귀여운 소년의 이야기 | |

| | | |
|---|---|---|
| | Rhyming Dust Bunnies (Jan Thomas), Beach Lane Books | 'dog, log, hog'처럼 라임이 맞는 단어 말하기 놀이를 하는 네 명의 먼지 토끼 이야기 |
| | Shh! We Have a Plan (Chris Haughton), Walker Books (UK) | 새 한 마리를 잡기 위해 애쓰는 세 친구와 그 친구들에게 자꾸 말을 시키는 또 한 명의 친구 이야기 |
| | Sometimes⋯ (Emma Dodd), Scholastic | 아기 코끼리가 어떤 말을 하든, 어떤 행동을 하든 언제나 사랑할 거라고 말하는 엄마 코끼리 이야기 |
| | Stick and Stone (Beth Ferry, Tom Lichtenheld), HMH Books for Young Readers | 전혀 어울릴 것 같지 않은 돌멩이와 막대기의 따뜻한 우정 이야기 |
| | Tap the Magic Tree (Christie Matheson), Greenwillow Books | 나무 그림을 톡톡 두드리고 손바닥으로 쓸어 보며 나무에게 일어나는 다양한 변화를 볼 수 있는 그림책 |
| | Thank You, Mr. Panda (Steve Antony), Hodder Children's Books | 동물 친구들에게 선물을 주는 미스터 판다와 고맙다는 말 대신 불평을 늘어놓는 동물 친구들의 이야기 |
| | That's (Not) Mine (Anna Kang, Christopher Weyant), Scholastic | 의자 하나를 두고 서로 자기 것이라고 우기며 싸우는 두 친구 이야기 |
| | The Birthday Box (Leslie Patricelli), Candlewick Press | 생일 선물로 받은 커다란 갈색 상자를 가지고 여러 가지 놀이를 하는 아기 이야기 |
| | The Good for Nothing Button (Charise Mericle Harper), Disney-Hyperion | 빨간 버튼 하나를 두고 어떤 용도의 버튼인지 실랑이를 벌이는 세 친구 이야기 |

| | The Happy Little Yellow Box (David A. Carter), Little Simon | near와 far, on과 off처럼 반의어를 이미지와 함께 익힐 수 있는 재치 넘치는 팝업북 |
|---|---|---|
| | The Odd Egg (Emily Gravett), Two Hoots | 오리가 어디선가 주워 온 커다랗고 이상한 알이 마침내 부화되어 새끼 악어가 나오는 이야기 |
| | The OK Book (Amy Krouse Rosenthal, Tom Lichtenheld), HarperCollins | OK 글자처럼 보이는 사람이 줄다리기, 연날리기, 물구나무 서기 등 다양한 행동을 하는 모습을 보여 주는 기발한 그림책 |
| | The Watermelon Seed (Greg Pizzoli), Disney-Hyperion | 실수로 수박씨를 삼켜 뱃속에서 수박이 자랄까 봐 걱정하는 꼬마 악어 이야기 |
| | Things I Like (Anthony Browne), Dragonfly Books | 꼬마 침팬지가 자전거 타기, 그림 그리기, TV 시청처럼 자기가 좋아하는 일들에 대해 이야기하는 그림책 |
| | Time to Pee (Mo Willems), Hyperion Books for Children | 소변이 마려울 때 어떻게 하면 되는지 순서대로 보여주는 구성으로 배변 훈련을 하는 아이들에게 보여 주면 좋은 그림책 |
| | Time to Say 'Please!' (Mo Willems) Hyperion Books | 마법의 단어(magic word)라고 하는 'Please'를 언제 써야 하는지 알려 주는 그림책 |
| | Today Is Monday (Eric Carle), Philomel Books | 요일과 다양한 음식을 연관시켜 노래처럼 부를 수 있는 그림책 |
| | We Are (Not) Friends (Anna Kang, Christopher Weyant), Scholastic | 세 명의 친구가 함께 놀 때 생길 수 있는 여러 가지 상황을 보여 주는 그림책 |

| | | |
|---|---|---|
| | We Love You, Mr. Panda (Steve Antony), Scholastic | 친구들을 안아주고 싶은 미스터 판다와 그런 판다의 마음은 아랑곳하지 않고 다른 동물들을 안아 주기 바쁜 친구들의 이야기 |
| | What Is Chasing Duck?! (Jan Thomas), HMH Books for Young Readers | 무시무시한 무언가가 쫓아온다며 겁에 질린 오리와 그를 도와주려 는 동물 친구들의 이야기 |
| | When… (Emma Dodd) Scholastic | 어른 곰이 되면 하고 싶은 것과 되고 싶은 것을 이야기하는 아기 곰 이야기 |
| | Where Is Baby's Belly Button? (Karen Katz), Little Simon | 플랩을 들추며 '까꿍' 놀이를 하고 손, 발, 배꼽 등 신체 부위를 익힐 수 있는 그림책 |
| | Where Is Baby's Birthday Cake? (Karen Katz), Little Simon | 플랩을 들추며 집 안에서 아기의 생일 케이크를 찾아보는 그림책 |
| | You Are (Not) Small (Anna Kang , Christopher Weyant), Scholastic | 서로 네가 작은 거다, 네가 큰 거다 다투다가 결국 서로를 있는 그대로 인정하는 친구들 이야기 |
| | Yummy Yucky (Leslie Patricelli), Candlewick Press | 맛있는 음식과 구역질 나는 음식 을 'yummy'와 'yucky'가 들어간 문장으로 알려 주는 그림책 |

그림책과 영상, 노래 등으로 꾸준히 소리 노출을 해 주면 아이가 자연스레 구어로 알게 되는 단어와 표현이 많아집니다. 페이지당 문장의 수가 많아지고 이야기가 조금 길어지더라도 충분히 이해하며 따라올 수 있습니다. 영어 문장을 듣고 이해하는 것이 가능한 단계이므로 상호 작용하며 볼 수 있는 그림책을 특히 추천합니다. 모르는 단어나 표현이 나왔을 때는 바로 우리말로 알려 주기보다는 먼저 유추를 해 보도록 유도해 주세요.

| 표지 | 책 제목 (저자), 출판사 | 내용 |
|---|---|---|
| | All by Myself (Aliki), HarperCollins Children's Books | 아침부터 밤까지 해야 할 일들을 스스로 해내는 소년의 하루를 보여 주는 그림책 |
| | All Right Already! (Jory John, Benji Davies), HarperCollins | 눈 오는 날 밖에서 놀다가 감기에 걸린 곰과 오리의 이야기 |
| | Baghead (Jarrett J. Krosoczka), Dragonfly Books | 머리에 종이봉투를 뒤집어쓰고 밥을 먹고 학교에 가고 축구를 하는 소년의 이야기 |
| | Bark, George (Jules Feiffer), HarperCollins Children's Books | 멍멍 소리 대신 다른 동물의 소리를 내는 강아지 조지와 그런 조지가 걱정스러운 엄마 강아지의 이야기 |
| | Bear Came Along (LeUyen Pham, Richard T. Morris), Little, Brown Books for Young Readers | 2020년 칼데콧 아너상을 받은 작품으로 곰과 동물 친구들이 통나무를 타고 강을 내려가며 생기는 이야기 |

| | | |
|---|---|---|
| | Bear's Magic Pencil (Anthony Browne), HarperCollins | 아이들이 직접 그린 그림이 들어간 책으로 꼬마 곰이 요술 연필로 그림을 그려 위기를 모면하는 이야기 |
| | Chopsticks (Amy Krouse Rosenthal, Scott Magoon), Hyperion Books | 환상의 콤비였던 젓가락 한 쌍 중 하나가 부러지고 남은 한 짝이 혼자 여러 가지 일에 도전하는 이야기 |
| | Come Home Already! (Jory John, Benji Davies) HarperCollins | 혼자 조용히 낚시를 하러 떠난 곰과 그런 곰을 찾아 나선 수다스런 옆집 오리 이야기 |
| | Come Out and Play, Little Mouse (Robert Kraus, Ariane Dewey), Greenwillow Books | 생쥐를 잡아먹기 위해 같이 놀자는 고양이와 매번 고양이의 요청을 거절하는 영리한 생쥐 이야기 |
| | Don't Push the Button (Bill Cotter), Sourcebooks Jabberwocky | 누르지 말라는 버튼을 눌렀을 때 몬스터 래리에게 일어나는 여러 가지 변화를 보여 주는 그림책 |
| | Don't Shake the Present! (Bill Cotter), Sourcebooks Jabberwocky | 책 속 주인공 몬스터 래리가 말하는 대로 선물 박스를 두드리고 흔들고 리본을 풀었을 때 일어나는 일을 보여 주는 그림책 |
| | Don't Touch This Book! (Bill Cotter), Sourcebooks Jabberwocky | 책의 주인공 몬스터 래리와 상호작용하며 볼 수 있는 그림책 |
| | Everyone Poops (Taro Gami), Chronicle Books | 사람을 비롯한 다양한 동물들이 어떤 똥을, 어떻게 누는지 보여 주는 그림책 |

| | | |
|---|---|---|
| | Frida and Bear (Anthony Browne), Walker Books | 코끼리 프리다와 베어가 하는 즐겁고 기발한 그림 놀이를 보여 주는 이야기 |
| | Goodnight Already! (Jory John, Benji Davies), HarperCollins UK | 피곤해서 자고 싶은 곰과 잠이 오지 않는 수다스런 오리의 티키타카 이야기 |
| | Handa's Hen (Eileen Browne), Candlewick Press | 한다와 한다의 친구 아케요가 사라진 검은 닭 몬디를 함께 찾는 이야기 |
| | Handa's Surprise (Eileen Browne), Handa's Surprise | 옆 마을 친구 아케요에게 줄 과일 바구니를 머리에 이고 떠나는 한다의 이야기 |
| | Harry in a Hurry (Gemma Merino), Macmillan Children's Books | 모든 일을 급하게 해치우는 토끼 해리와 모든 일에 느긋한 거북이 톰의 이야기 |
| | How Many Jelly Beans? (Andrea Menotti, Yancey Labat), Chronicle Books | 책장을 넘길수록 점점 많아지는 알록달록 젤리빈을 세어 보며 영어로 숫자를 익힐 수 있는 그림책 |
| | I Am a Tiger (Ross Collins, Karl Newson), Macmillan Children's Books | 다른 동물들에게 자기가 호랑이라고 박박 우기며 큰소리치는 생쥐 이야기 |
| | I Am not an Elephant (Ross Collins, Karl Newson), Macmillan Children's Books | 자기는 코끼리가 아니라는 생쥐와 생쥐를 보며 코끼리가 맞다며 이유를 알려 주는 동물 친구들의 이야기 |
| | I Can Roar like a Dinosaur (Ross Collins, Karl Newson), Macmillan Children's Books | 동물 친구들에게 공룡처럼 으르렁거릴 수 있는 방법을 알려 주는 생쥐 이야기 |

| | | |
|---|---|---|
| | I Don't Want to Be a Frog (Dev Petty), Dragonfly Books | 개구리가 아닌 다른 동물이길 바라는 꼬마 개구리와 왜 다른 동물이 되고 싶은지 묻는 아빠 개구리 이야기 |
| | I Don't Want to Be Big (Dev Petty), Dragonfly Books | 자라고 싶지 않은 꼬마 개구리와 이유를 묻는 아빠 개구리 이야기 |
| | I Don't Want to Go to Sleep (Dev Petty), Doubleday Books for Young Readers | 겨울잠을 자고 싶지 않아서 다른 동물이 되고 싶은 꼬마 개구리 이야기 |
| | I Love You Already! (Jory John, Benji Davies), HarperCollins UK | 혼자 조용히 있고 싶은 곰과 수다스런 옆집 오리 이야기 |
| | I Say Boo, You say Hoo (John Kane), Templar Publishing | 엄마와 아이가 번갈아 가며 '부'라고 외치고 '후' 하고 외치며 상호작용할 수 있는 그림책 |
| | I say Ooh You say Aah (John Kane), Templar Publishing | 책에서 지시하는 대로 ant를 볼 때마다 underpants를 외치다 보면 절로 웃음이 나오는 그림책 |
| | I Want My Hat Back (Jon Klassen), Candlewick Press | 2012년 가이젤 아너상을 받은 작품으로 잃어버린 모자를 찾아 동물 친구들에게 질문을 하는 곰 이야기 |
| | I'm the Best (Lucy Cousins), Candlewick Press | 자기가 제일 잘났다고 다른 동물 친구들에게 으스대는 강아지 이야기 |

| | | |
|---|---|---|
| | Inch by Inch (Leo Lionni), Alfred A. Knopf Books for Young Readers | 1961년 칼데콧 아너상을 받은 책으로 자신을 잡아 먹으려는 새들에게 자신은 어떤 것이든 길이를 잴 수 있다며 위기를 모면하는 자벌레 이야기 |
| | Inside Cat (Brendan Wenzel), Chronicle Books | 집 안에 있는 고양이가 무얼 보는지 고양이의 시선에서 보여 주는 그림책 |
| | Is There a Dog in This Book? (Viviane Schwarz), Walker Books (UK) | 강아지를 무서워하는 귀여운 세 마리 고양이의 수다를 보여 주는 플랩북 |
| | It's Not Fair! (Amy Krouse Rosenthal, Tom Lichtenheld), HarperCollins UK | 공평하지 않다고 외치는 신생아부터 아이들, 외계인, 거미의 불만을 보여 주는 그림책 |
| | It's Okay to Be Different (Todd Parr), Little, Brown and Company | 남들과 달라도 괜찮다고 유머러스한 그림으로 이야기해 주는 그림책 |
| | Joseph Had a Little Overcoat (Simms Taback), Viking Books for Young Reader | 2000년 칼데콧 메달을 수상한 작품으로 요셉이 가진 낡은 코트가 재킷이 되고, 조끼가 되고 결국 단추가 되는 과정을 보여 주는 그림책 |
| | Ketchup on Your Cornflakes? (Nick Sharratt), Scholastic | 가운데가 나눠진 책장을 넘기며 콘플레이크 위에 케첩?처럼 엉뚱하고 재미있는 문장을 만들어 볼 수 있는 그림책 |
| | Ketchup on Your Reindeer (Nick Sharratt), Alison Green Books | 루돌프 위에 케첩처럼 엉뚱하고 재미있는 문장을 만들어 볼 수 있는 그림책 |

| | | |
|---|---|---|
| | Leo the Late Bloomer (Jose Aruego, Robert Kraus), HarperCollins (US) | 다른 동물보다 조금 느리게 배우고 성장하는 호랑이 레오의 이야기 |
| | Life on Mars (Jon Agee), Dial Books | 화성에 살고 있는 생명체를 만나기 위해 케익을 들고 화성으로 간 우주 비행사 이야기 |
| | Little Blue and Little Yellow (Leo Lionni), Dragonfly Books | 서로에게 베스트 프렌드인 꼬마 파랑과 꼬마 노랑이 어울려 놀다가 둘 다 초록색이 되는 바람에 일어나는 이야기 |
| | Little Pea (Amy Krouse Rosenthal , Jen Corace), Chronicle Books | 주식으로 사탕을 다 먹어야하지만 디저트로 좋아하는 야채를 먹을 수 있는 꼬마 완두콩 이야기 |
| | Look Out Suzy Goose (Petr Horacek), Walker Books (UK) | 시끄러운 소리를 내는 친구들을 피해 조용한 곳으로 간 거위 수지와 그 뒤를 몰래 따라 오는 동물들의 이야기 |
| | Mouse Paint (Ellen Stoll Walsh), Houghton Mifflin Harcourt | 하얀 쥐 세 마리가 물감이 담긴 통을 발견하여 물감 놀이하는 이야기 |
| | Mr. Tiger Goes Wild (Peter Brown), Two Hoots | 멋진 양복을 차려입은 호랑이 씨가 답답한 도시 생활을 견디지 못하고 야생으로 가는 이야기 |
| | My Teacher is a Monster! (Peter Brown), Two Hoots | 선생님이 괴물처럼 무섭다고 느끼던 보비가 우연히 밖에서 선생님을 만나고 점차 마음을 여는 이야기 |

| | | |
|---|---|---|
| | Nanette's Baguette (Mo Willems), Walker Books (UK) | 엄마의 심부름으로 바게트를 사러 갔다가 고소한 빵 냄새에 그만 바게트를 모두 먹어 치우는 나네트 이야기 |
| | No Kimchi for Me! (Aram Kim), Holiday House | 김치를 못 먹는다고 오빠들이 놀리자 속이 상한 유미를 위해 할머니가 특별한 음식을 준비하는 이야기 |
| | Once Upon a Time (Nick Sharratt), Walker Books (UK) | 책에 있는 구멍에 그림 카드를 끼워 나만의 엉뚱한 이야기를 만들어 볼 수 있는 그림책 |
| | Penguin (Polly Dunbar), Walker Books (UK) | 선물로 받은 펭귄과 놀고 싶지만 펭귄이 아무 말도 하지 않자 여러 가지 방법을 시도하는 꼬마 이야기 |
| | Penguin and Pinecone (Salina Yoon), Bloomsbury | 추운 곳에서 살아야 하는 펭귄과 따뜻한 곳에 있어야 하는 솔방울의 따뜻한 우정 이야기 |
| | Penguin on Vacation (Salina Yoon), Bloomsbury | 열대 지방에 있는 해변으로 휴가를 떠난 펭귄과 그곳에서 만난 게(crab)의 우정 이야기 |
| | Pirate Pete (Nick Sharratt), Walker Books (UK) | 책에 있는 구멍에 그림 카드를 끼워 나만의 엉뚱한 해적 이야기를 만들어 볼 수 있는 그림책 |
| | Polar Bear's Underwear (Tupera Tupera), Chronicle Books | 팬티를 잃어버린 북극곰과 함께 팬티를 찾으러 다니는 생쥐 이야기 |
| | Q Is for Duck (Jack Kent), HMH Books for Young Readers | 오리는 D로 시작하는데 왜 Q is for Duck일까 궁금증을 불러 일으키는 알파벳 그림책 |

| | | |
|---|---|---|
| | See You Later, Alligator! (Annie Kubler), Jybooks | 여러 가지 일을 하느라 분주한 크로커다일과 돕지 않는 엘리게이터 이야기로 표지에 손가락 인형이 달려 있는 그림책 |
| | Shark in the Dark (Nick Sharrat), Corgi Childrens | 밤중에 상어의 지느러미처럼 보이는 무언가를 망원경으로 계속 발견하는 티모시 이야기 |
| | Shark in the Park (Nick Sharrat), Corgi Childrens | 공원에서 상어의 지느러미처럼 보이는 무언가를 망원경으로 계속 발견하는 티모시 이야기 |
| | Shark in the Snow (Nick Sharrat), Puffin UK | 하얗게 눈이 내린 공원에서 상어의 지느러미처럼 보이는 무언가를 망원경으로 계속 발견하는 티모시 이야기 |
| | Silly Suzy Goose (Petr Horacek), Walker Books (UK) | 다른 동물들이 가진 능력을 부러워하던 거위 수지가 위기에 처하자 부러워하던 능력을 모두 발휘하는 내용의 그림책 |
| | Skeleton Hiccups (S. D. Schindler, Margery Cuyler), Aladdin | 딸꾹질을 그만하기 위해 여러 가지 방법을 시도하는 해골 이야기 |
| | Someday (Peter H. Reynolds, Alison McGhee), Little Simon | 아기가 태어나고, 자라고, 나이가 드는 과정을 엄마의 시선으로 잔잔히 들려주는 그림책 |
| | Spoon (Amy Krouse Rosenthal, Scott Magoon), Hyperion Books | 나이프, 젓가락, 포크 친구들이 가진 장점을 부러워하는 숟가락이 자신이 가진 장점을 깨닫는 이야기 |
| | Stop Snoring, Bernard! (Zachariah Ohora), Square Fish | 코 고는 소리가 너무 커서 친구들로부터 불평을 듣는 수달 비니드의 이야기 |

| | | |
|---|---|---|
| | Straw (Amy Krouse Rosenthal, Scott Magoon), Little, Brown Books for Young Readers | 뭐든지 이기고 싶은 마음에 음료도 제일 빨리 마시던 빨대가 느긋해지는 과정을 보여주는 이야기 |
| | Suzy Goose and the Christmas Star (Petr Horacek), Walker Books (UK) | 크리스마스트리 위에 놓을 별을 따기 위해 모험을 떠나는 거위 수지의 이야기 |
| | That Is Not a Good Idea! (Mo Willems), Walker Books (UK) | 서로 잡아먹을 계획을 세우며 함께 산책을 하는 여우 신사와 거위 숙녀의 이야기 |
| | That's Disgusting! (Bernadette Gervais, Francesco Pittau), Black Dog&Leventhal | 비위가 제대로 상할 만큼 더러운 행동들을 서슴없이 하는 꼬마 숙녀 이야기 |
| | The Carrot Seed (Ruth Krauss, Crockett Johnson), HarperFestival | 당근 씨앗을 심고 잡초를 뽑고 물을 주며 싹이 올라오길 참을성 있게 기다리는 꼬마 이야기 |
| | The Cookie Fiasco (Mo Willems, Dan Santat), Disney-Hyperion | 세 개의 쿠키를 어떻게 공평하게 나눠 먹을지 고민하는 네 명의 친구 이야기 |
| | The Cow Who Climbed a Tree (Gemma Merino), Macmillan Children's Books | 호기심이 많고 상상력이 풍부한 얼룩소, 티나와 가족들의 이야기 |
| | The Crocodile Who Didn't Like Water (Gemma Merino), Macmillan Children's Books | 다른 악어들과는 달리 물을 좋아하지 않고 대신 나무에 오르는 것을 좋아하는 꼬마 악어 이야기 |
| | The Daddy Book (Todd Parr), Little, Brown Books for Young Readers | 다양한 외모와 직업, 성격 등, 각양각색 아빠의 모습을 유머러스한 그림과 함께 보여 주는 그림책 |

| | | |
|---|---|---|
| | The Dot (Peter H. Reynolds), Candlewick Press | 도화지에 찍은 점 하나도 작품으로 인정해 준 선생님 덕분에 다양한 점을 그리며 전시회까지 열게 되는 소녀 이야기 |
| | The Feelings Book (Todd Parr), Little, Brown Books for Young Readers | 살면서 느끼게 되는 다양한 감정을 유머러스한 그림과 함께 보여 주는 그림책 |
| | The Mommy Book (Todd Parr), Little, Brown Books for Young Readers | 다양한 엄마의 모습을 유머러스한 그림과 함께 보여 주는 그림책 |
| | The Sheep Who Hatched an Egg (Gemma Merino), Macmillan Children's Books | 둥지에서 떨어진 알을 포근한 양털로 품어주고 부화까지 시킨 후 떠나보내는 양(sheep) 롤라 이야기 |
| | The Story of Fish&Snail (Deborah Freedman), Viking Books for Young Reader | 원래 있던 책에 편안히 있고 싶은 달팽이와 새로운 책으로 모험을 떠나고 싶은 물고기의 우정 이야기 |
| | There Are Cats in This Book (Viviane Schwarz), Walker Books (UK) | 귀여운 세 마리 고양이를 찾아 놀이하듯 플랩을 들추며 볼 수 있는 그림책 |
| | There Are No Cats in This Book (Viviane Schwarz), Walker Books (UK) | 책 속을 떠나 넓은 세상으로 나가고 싶은 세 마리 고양이 이야기 |
| | There's a Bear on My Chair (Ross Collins), Nosy Crow Ltd | 자신의 의자에 앉아서 꿈쩍도 하지 않는 곰을 일어나게 하기 위해 갖은 방법을 다 쓰는 생쥐 이야기 |
| | There's Nothing to Do! (Dev Petty), Dragonfly Books | 할 일이 없다고 심심해하는 꼬마 개구리가 다른 동물들을 찾아가 직자 힐 일이 무엇인지 믈어보는 이야기 |

| | | |
|---|---|---|
| | They All Saw a Cat (Brendan Wenzel), Chronicle Books | 2017년 칼데콧 아너상을 받은 작품으로 사람. 꿀벌, 여우, 박쥐 등 다양한 동물의 눈에 비친 고양이의 모습을 보여 주는 그림책 |
| | This Book Just Ate My Dog! (Richard Byrne), OUP Oxford | 주인공 벨라와 함께 산책을 하던 강아지가 마치 책에게 먹히듯 책장 사이로 사라지며 생기는 소동을 그린 그림책 |
| | This Book Just Stole My Cat! (Richard Byrne), OUP Oxford | 주인공 벤과 함께 놀고 있던 고양이가 책장 사이로 사라지면서 생기는 소동을 그린 그림책 |
| | This Is Not My Hat (Jon Klassen), Walker Books (UK) | 2013년 칼데콧 메달과 2014년 케이트 그린어웨이 메달을 수상한 작품으로 큰 물고기의 모자를 훔쳐 달아나는 작은 물고기의 이야기 |
| | This Zoo is Not for You (Ross Collins), Nosy Crow Ltd | 동물원에 새로 들어오고 싶어하는 오리 너구리에게 까다롭게 구는 동물 친구들 이야기 |
| | Underwear! (Jenn Harney), Little, Brown Books for Young Readers | 팬티 하나를 가지고 장난치며 아빠 곰의 화를 돋우는 꼬마 곰 이야기 |
| | We Are Growing (Laurie Keller), Disney-Hyperion | 각자 가진 특징을 뽐내다가 결국 잔디깎이로 깎여서 다 똑같아지는 잔디들의 이야기 |
| | We Found a Hat (Jon Klassen), Walker Books (UK) | 모자 하나를 발견하고 차례대로 써 보며 탐내는 거북이 두 마리 이야기 |
| | What a Naughty Bird (Sean Taylor, Dan Widdowson), Templar Publishing | 여기저기 똥을 싸 놓으며 즐거워하는 예의 없는 장난꾸러기 새 이야기 |

| | | |
|---|---|---|
| | What About Worms? (Ryan T. Higgins), Disney-Hyperion | 지렁이를 무서워하는 소심한 호랑이와 꼬물꼬물 지렁이들의 이야기 |
| | What Does An Anteater Eat? (Ross Collins), Nosy Crow Ltd | 배는 고픈데 자신이 뭘 먹는지 몰라서 여기저기 묻고 다니는 개미핥기 이야기 |
| | What's the Time, Mr. Wolf? (Annie Kubler), Child's Play International, Ltd | 늑대가 지금 몇 시인지, 무얼 할 시간인지 알려 주는 내용으로 손가락 인형이 표지에 붙어 있는 그림책 |
| | When Glitter Met Glue (Karen Kilpatrick, German Blanco), Henry Holt&Company | 반짝이와 풀이 만나 함께 멋진 작품을 만들어 보는 이야기 |
| | When Pencil Met Eraser (Karen Kilpatrick, Luis O. Ramos Jr., German Blanco), Imprint | 그림 그리기를 좋아하는 연필과 지우기를 좋아하는 지우개가 함께 그림을 그리고 놀이하는 이야기 |
| | When Pencil Met the Markers (Karen Kilpatrick, Luis O. Ramos Jr., German Blanco), Imprint | 보라색 마커와 연필이 함께 멋진 그림을 그리는 이야기 |
| | When Sophie Gets angry-Really, Really Angry (Molly Bang), Scholastic | 고릴라 인형을 언니에게 뺏겨서 머리끝까지 화가 간 소피가 자연을 느끼며 차츰 마음을 가라앉히는 이야기 |
| | Where's Halmoni? (Julie Kim), Little Bigfoot | 팥죽 냄새만 남기고 사라진 할머니를 찾아 남매가 떠나는 모험 이야기 |
| | Yes Day! (Amy Krouse Rosenthal , Tom Lichtenheld), HarperCollins Children's Books | 1년 중 하루, 모든 것이 허용되는 예스 데이(Yes Day!)을 즐기는 소년 이야기 |

**엄마표 영어 2년 이상 추천 영어 그림책**

영어 그림책 읽기가 일상이 되었다면 아이 취향의 그림책과 함께 좀 더 다양한 주제와 형식의 그림책을 시도해 보세요. 유머와 반전이 있는 이야기, 삶의 지혜가 담겨 있는 이야기, 다른 나라 문화를 접할 수 있는 이야기 등을 통해 영어 실력뿐만 아니라 사고력과 창의력도 좋아집니다.

| 표지 | 책 제목 (저자), 출판사 | 내용 |
| --- | --- | --- |
| | A Big Mooncake for Little Star (Grace Lin), Little, Brown Books for Young Readers | 2019년 칼데콧 아너상을 받은 작품으로 엄마 몰래 달 모양의 케익을 야금야금 먹는 꼬마, 리틀 스타의 이야기 |
| | A Color of His Own (Leo Lionni), Dragonfly Books | 주변 환경에 따라 색깔이 변하는 카멜레온이 자신만의 색을 찾는 이야기 |
| | Alma and How She Got Her Name (Juana Martinez-Neal), Candlewick Press | 너무 긴 이름이 불만인 엘마가 자신의 긴 이름이 어떻게 만들었는지를 알게 되는 그림책 |
| | Baa Baa Smart Sheep (Mark Sommerset, Rowan Sommerset), Candlewick Press | 어리숙한 타조를 속여 똥을 먹게 하는 영악한 양의 이야기 |
| | Bee-Bim Bop! (Linda Sue Park), Houghton Mifflin Harcourt | 한 여자아이가 엄마와 함께 장을 보고 비빔밥을 만드는 과정을 보여 주는 그림책 |
| | Big Red Lollipop (Sophie Blackall, Rukhsana Khan), Viking | 생일 파티에 가서 받은 커다란 막대 사탕을 두고 속 깊은 언니와 철부지 동생이 다투고 결국은 화해하는 이야기 |

| | | |
|---|---|---|
| | Cake (Sue Hendra), Macmillan Children's Books | 생일 파티에 초대된 케이크가 앞으로 자신에게 닥칠 일을 깨닫고 탈출하는 이야기 |
| | Circle (Jon Klassen, Mac Barnett), Walker Books (UK) | 동그라미, 네모, 세모가 숨바꼭질을 하다가 일어나는 소동을 그린 그림책 |
| | Creepy Carrots! (Peter Brown, Aaron Reynolds), Simon&Schuster Books for Young Readers | 2013년 칼데콧 아너상을 받은 작품으로 시도 때도 없이 당근을 먹어 치우는 토끼, 재스퍼가 당근밭에 오지 못하도록 계획을 세우고 실행하는 으스스한 당근들의 이야기 |
| | Creepy Crayon! (Peter Brown, Aaron Reynolds), Simon&Schuster Books for Young Readers | 시험 점수가 엉망인 토끼 재스퍼를 대신해 문제를 풀어주는 으스스한 보라색 크레용 이야기 |
| | Creepy Pair of Underwear! (Peter Brown, Aaron Reynolds), Simon&Schuster Books for Young Readers | 가위로 찢어도, 땅에 묻어도 자꾸만 다시 나타나는 으스스한 형광 팬티 이야기 |
| | Daisy You Do! (Nick Sharratt, Kes Gray), Red Fox | "엄마도 그러잖아요."로 엄마의 잔소리를 막아내는 엉뚱하고 사랑스런 데이지의 이야기 |
| | Dear Girl (Amy Krouse Rosenthal, Tom Lichtenheld), HarperCollins (US) | 인생을 살면서 딸에게 들려주고 싶은 이야기를 잔잔히 전하는 그림책 |
| | Don't Blink! (David Roberts, Amy Krouse Rosenthal), Dragonfly Books | 눈을 깜빡일 때마다 책장을 넘겨야 하고 책을 다 읽으면 잠을 자야 하니 잠을 자고 싶지 않다면 눈을 깜빡이지 말라고 이야기하는 그림책 |

| | | |
|---|---|---|
| | Earn it! (Cinders McLeod), Nancy Paulsen Books | 가수가 되고 싶은 꿈을 위해 열심히 당근을 모으는 토끼 이야기 |
| | Earth (Stacy McAnulty), Henry Holt&Company | 우리가 살고 있는 지구가 자신에 대한 여러 가지를 이야기해 주는 그림책 |
| | Find the Dots (Andy Mansfield), Candlewick Studio | 책에서 지시하는 색깔의 점들을 찾아 페이지를 접거나 잡아당기거나 들어 올리는 등 조작하며 볼 수 있는 그림책 |
| | Give It! (Cinders McLeod), Nancy Paulsen Books | 생일 선물로 받은 당근을 자신을 위해 쓰지 않고 꿀벌들을 위한 꽃을 사는 데 쓰는 토끼 이야기 |
| | Goodnight, Butterfly (Ross Burach), Scholastic | 나비가 된 후 밤에 잠을 자고 싶지 않아 야행성 동물인 포큐파인과 수다를 떠는 참을성 없는 애벌레 이야기 |
| | Guess How Much I Love You (Sam McBratney, Anita Jeram), Walker Books (UK) | 서로를 얼마나 사랑하는지 경쟁하듯 이야기하는 아빠 토끼와 아기 토끼 이야기 |
| | Happy Birthday, Moon (Frank Asch), Aladdin | 메아리를 달님의 대답으로 생각하고 달님에게 모자를 선물하는 곰의 이야기 |
| | Have You Ever Seen a Flower? (Shawn Harris), Chronicle Books | 2022년 칼데콧 아너상을 받은 작품으로 아름답고 생명력 넘치는 꽃을 제대로 보는 방법을 알려 주는 그림책 |
| | Hoot Owl, Master of Disguise (Sean Taylor, Jean Jullien), Walker Books (UK) | 먹잇감을 잡기 위해 다양한 모습으로 변장을 하지만 번번이 실패하는 올빼미 이야기 |

| | How to Catch a Star (Oliver Jeffers), HarperCollins UK | 별을 너무 사랑한 나머지 자기만의 별을 따고 싶어 여러 가지 시도를 하는 소년 이야기 |
|---|---|---|
| | Hush! A Thai Lullaby (Minfong Ho , Holly Meade), Scholastic | 아기가 깰까 봐 동물들을 조용히 시키던 엄마는 잠이 들고 아기는 결국 잠이 깨는 내용의 태국 자장가 |
| | I Am Not a Chair! (Ross Burach), HarperCollins (US) | 기린을 의자라고 착각하고 자꾸만 기린 등에 앉는 동물 친구들과 자신은 의자가 아니라고 불평하는 기린 이야기 |
| | I Lost My Tooth! (Mo Willems), Hyperion Books for Children | 이빨을 잃어버린 친구를 위해 함께 이빨을 찾는 다람쥐들 이야기 |
| | I Love Lemonade (Mark Sommerset, Rowan Sommerset), Candlewick Press | 영악한 양이 타조를 속여 오줌을 먹게 하는 이야기 |
| | I Want to Be in a Scary Story (Sean Taylor, Jean Jullien), Walker Books (UK) | 무서운 이야기에 나오고 싶지만, 사실은 겁이 많은 꼬마 몬스터 이야기 |
| | I Want to Sleep Under the Stars! (Mo Willems), Hyperion Books for Children | 별이 많은 밤하늘 아래에서 자고 싶다는 친구의 소원을 들어주는 다람쥐들 이야기 |
| | If I had a kangaroo (Alex Barrow, Gabby Dawnay), Thames and Hudson Ltd | 만약 캥거루를 반려동물로 키운다면 어떨지 상상해 보는 이야기 |
| | If I had a sleepy sloth (Alex Barrow, Gabby Dawnay), Thames and Hudson Ltd | 느리고 잠이 많은 나무늘보와 할 수 있는 여러 가지 일을 상상해 보는 이야기 |

| | | |
|---|---|---|
| | Ish (Peter H. Reynolds), Walker Books (UK) | 형이 비웃는 바람에 더 이상 그림을 그리지 않던 레이먼이 여동생 덕분에 용기를 얻어 다시 그림을 그리게 되는 이야기 |
| | It's My Rubber Band! (Shinsuke Yoshitake), Thames and Hudson Ltd | 엄마가 준 작은 고무줄을 가지고 무얼 할 수 있을지 여러 가지 상상을 해 보는 소녀의 이야기 |
| | Jabari Jumps (Gaia Cornwall), Candlewick Press | 다이빙에 도전하고 싶지만 용기가 나질 않아 주저하는 자바리의 이야기 |
| | Jabari Tries (Gaia Cornwall), Walker Books (UK) | 장난감이 날아 오르게 하기 위해 끝까지 포기하지 않는 자바리의 이야기 |
| | Kitten's First Full Moon (Kevin Henkes), Kitten's First Full Moon | 태어나서 처음 본 보름달이 우유가 담긴 그릇인 줄 알고 따라간 아기 고양이 이야기 |
| | Knock Knock Who's There? (Anthsey Browne, Sally Grindley), Puffin UK | 곰 인형을 안고 침대에 누워 있는 소녀의 방에 고릴라, 마녀, 유령 등이 차례대로 찾아오는 이야기 |
| | Knuffle Bunny (Mo Willems), Walker Books (UK) | 2005년 칼데콧 아너상을 받은 작품으로 아끼는 토끼 인형을 빨래방에서 잃어버렸다가 되찾는 이야기 |
| | Knuffle Bunny Free (Mo Willems), Walker Books (UK) | 할아비지, 할머니를 만나고 돌아오는 비행기 안에서 아끼는 토끼 인형을 다른 아기에게 떠나보내는 이야기 |
| | Knuffle Bunny Too (Mo Willems), Walker Books (UK) | 토끼 인형이 다른 친구의 인형과 학교에서 바뀌는 바람에 일어나는 소동을 보여 주는 이야기 |

| | Let's Go to Taekwondo! (Aram Kim), Holiday House | 태권도 도장에 다니게 된 유미가 두려움과 걱정을 이겨 내고 격파에 성공하는 이야기 |
|---|---|---|
| | Lion Lessons (Jon Agee), Scallywag Press Ltd | 용감한 사자가 되기 위해 사자를 찾아가 수업을 받는 소년의 이야기 |
| | Little Beauty (Anthony Browne), Walker Books (UK) | 친구가 필요했던 고릴라가 작은 고양이를 만나 우정을 쌓아가는 이야기 |
| | Lost and Found (Oliver Jeffers, Drew Daywalt) HarperCollins UK | 길을 잃어버린 듯 슬퍼 보이는 펭귄의 집을 찾아 주려는 소년의 이야기 |
| | Love You Forever (Robert Munsch), Firefly Books | 아이 키우는 일이 때로는 너무도 힘들지만 언제까지나 아이를 사랑할 것이라는 엄마의 마음을 잔잔하게 들려주는 그림책 |
| | Magic Candies (Heena Baek), Amazon Childrens Publishing | 백희나 작가가 쓴 알사탕의 영문판으로 문방구에서 산 알사탕을 먹은 동동이에게 일어나는 신기한 일들을 보여 주는 이야기 |
| | Mama, Do You Love Me? (Barbara M. Joosse), Chronicle Books | 자신을 사랑하는지 묻는 이누이트 소녀와 얼마나 사랑하는지 여러 가지 비유를 통해 알려 주는 엄마 이야기 |
| | Maybe Tomorrow? (Charlotte Agell, Ana Ramírez González), Scholastic | 커다란 슬픔 상자를 가지고 다니는 하마 엘바에게 함께 놀자며 손을 내미는 악어 노리스의 이야기 |
| | My Big Shouting Day! (Rebecca Patterson), Jonathan Cape Childrens | 하루 종일 심통을 부리고 소리를 지르다가 잠자리에서 조용히 엄마에게 사과하는 꼬마 이야기 |

| | | |
|---|---|---|
| | My Lucky Day (Keiko Kasza), Puffin | 자신을 잡아먹으려는 여우의 뒤통수를 때리는 영리한 꼬마 돼지 이야기 |
| | Not me! (Elise Gravel), Scholastic | 누가 지저분하게 여기저기 양말을 흘려 놓았는지 범인을 찾는 이야기 |
| | Olivia (Ian Falconer), Atheneum | 2001년 칼데콧 아너상을 받은 작품으로 엉뚱하지만 사랑스러운 꼬마 돼지 올리비아 이야기 |
| | Olivia Forms a Band (Ian Falconer), Atheneum Books for Young Readers | 1인 밴드가 되기 위해 여러 가지를 준비하는 꼬마 돼지 올리비아 이야기 |
| | Olivia Helps with Christmas (Ian Falconer), Simon&Schuster Children's Publishing | 크리스마스를 고대하며 엄마 아빠를 돕는 꼬마 돼지 올리비아 이야기 |
| | On the Night You Were Born (Nancy Tillman), Feiwel&Friends | 아이가 태어난 날에 어떤 일들이 있었는지 엄마가 잔잔히 들려주는 듯한 그림책 |
| | One More Try (Naomi Jones , James Jones), OUP Oxford | 다른 도형들과 함께 탑을 쌓고자 포기하지 않고 노력하는 동그라미 이야기 |
| | Peter's Chair (Ezra Jack Keats), Viking | 동생이 태어난 후 소외감을 느끼던 피디가 자신의 의자를 동생에게 양보하고 싶지 않아서 벌어지는 이야기 |
| | Pete's a Pizza (William Steig), Puffin | 엄마 아빠가 피트의 몸으로 가짜 피자 만들기 놀이를 하며 밖에 나가 놀지 못해 울적한 피트를 달래주는 이야기 |

| | | |
|---|---|---|
| | Red Red Red (Polly Dunbar), Walker Books (UK) | 비스킷 통을 꺼내다 머리를 찧어 잔뜩 화가 난 아이에게 엄마가 화를 가라앉히는 방법을 알려 주는 이야기 |
| | Roller Coaster (Marla Frazee), Voyager Paperbacks | 스릴 넘치는 롤러코스터를 타기 전, 탔을 때, 타고 난 후의 감정과 표정을 잘 보여 주는 그림책 |
| | Sam and Dave Dig A Hole (Jon Klassen, Mac Barnett), Walker Books (UK) | 2015년 칼데콧 아너상을 받은 작품으로 보물을 찾기 위해 열심히 땅을 파는 샘과 데이브의 이야기 |
| | Santa Claus the World's Number One Toy Expert (Marla Frazee), HMH Books for Young Readers | 크리스마스 선물을 고대하는 아이들을 위해 선물을 준비하는 산타 할아버지의 고군분투를 보여 주는 그림책 |
| | Save It! (Cinders McLeod), Nancy Paulsen Books | 혼자만의 놀이집을 사기 위해 당근을 모으는 꼬마 토끼 이야기 |
| | See the Stripes (Andy Mansfield), Candlewick Press | 책에서 지시하는 색깔의 줄무늬를 만들기 위해 페이지를 펼치고 조작하며 보는 팝업북 |
| | Silly Sally (Audrey Wood), Red Wagon Books | 물구나무서기를 한 말괄량이 샐리가 길에서 다양한 동물들을 만나는 이야기 |
| | Sky Color (Peter H. Reynolds), Candlewick Press | 벽화에 하늘을 그리고 싶었지만 하늘색 물감이 없어서 난감한 메리솔이 하늘은 다양한 색으로 표현될 수 있음을 깨닫는 이야기 |

| | | |
|---|---|---|
| | Spend it! (Cinders McLeod), Nancy Paulsen Books | 뭐든지 사고 싶은 꼬마 토끼가 가지고 있는 당근으로는 무얼 살 수 있는지 고민하는 이야기 |
| | Square (Jon Klassen, Mac Barnett), Walker Books (UK) | 동그라미의 요청으로 돌을 동그라미 모양으로 조각하려고 애쓰는 네모 이야기 |
| | Still Stuck (Shinsuke Yoshitake), Abrams Books for Young Readers | 윗도리를 벗지도 입지도 못하고 두 팔을 든 채, 계속 이 자세라면 어떤 일이 일어날까 상상의 나래를 펼치는 엉뚱한 소년의 이야기 |
| | Ten Fat Sausages (Michelle Robinson), Andersen Press | 뜨거운 프라이팬에서 탈출해서 도망가려는 소시지들의 이야기 |
| | The Adventures of Beekle (Dan Santat), Andersen Press | 2015년 칼데콧 메달 수상작으로 현실 속 친구를 찾아 상상의 세계를 떠나는 비클의 이야기 |
| | The Bad Seed (Jory John, Pete Oswald), HarperCollins | 항상 화가 나 있는 못된 씨앗이 조금씩 변해 가는 이야기 |
| | The Bear's Lunch (Pamela Allen), Two Ponds | 도시락을 싸서 소풍을 온 남매 앞에 배고픈 곰이 나타나면서 일어나는 이야기 |
| | The Boring Book (Shinsuke Yoshitake), Chronicle Books | 심심하고 지루해하던 한 소년이 지루함에 대해 다양한 생각을 해 보는 이야기 |
| | The Colour Monster (Anna Llenas), Templar | 마음이 복잡한 몬스터를 위해 감정 하나하나를 구별해서 병에 담아 주는 소녀의 이야기 |

| | | |
|---|---|---|
| The Colour Monster Goes to School (Anna Llenas), Templar | 처음으로 학교에 가서 놀이도 하고 미술도 하고 점심도 먹으며 즐겁게 생활하는 컬러 몬스터 이야기 |
| The Cool Bean (Jory John, Pete Oswald), HarperCollins | 쿨한 친구들을 보며 왠지 자신이 초라하다고 느끼던 빈(bean)이 진짜 쿨함이 무엇인지 깨닫는 이야기 |
| The Doorbell Rang (Pat Hutchins), HarperTrophy | 엄마가 구워주신 맛있는 쿠키를 먹으려는데 자꾸만 초인종이 울리고 손님이 찾아와서 난처한 남매 이야기 |
| The Good Egg (Jory John , Pete Oswald), HarperCollins | 다른 달걀과는 다르게 늘 착하게 행동하던 달걀이 어느 날 친구들을 떠나 지내며 깨달음을 얻는 이야기 |
| The Heart and the Bottle (Oliver Jeffers, Drew Daywalt), HarperCollins UK | 사랑하던 할아버지가 세상을 떠나고 너무나도 아픈 마음을 떼어내어 유리병에 담은 소녀 이야기 |
| The Hug (Polly Dunbar , Eoin McLaughlin), Faber and Faber | 가시 많은 고슴도치와 딱딱한 등을 가진 거북이가 서로 포옹하며 우정을 나누는 이야기 |
| The Little Butterfly That Could (Ross Burach), Scholastic | 참을성 없는 애벌레가 드디어 나비가 되어 친구들과 멀리 날아가던 중, 그만 혼자 뒤처지고 바다에서 고래를 만나며 생기는 이야기 |
| The Longer the Wait, the Bigger the Hug (Polly Dunbar, Eoin McLaughlin), Faber and Faber | 긴 겨울이 지나가고 봄이 오자, 거북이 친구를 애타게 기다리는 고슴도치 이야기 |

| | | |
|---|---|---|
| | The Nature Girls (Aki Delphine Mach), Macmillan Children's Books | 바다, 사막, 초원 등 다양한 곳을 여행하며 자연을 탐험하는 16명의 소녀 이야기 |
| | The Odd Fish (Naomi Jones , James Jones), Farshore | 플라스틱 물병을 이상한 물고기로 여기고 다가가는 바다 생물들 이야기 |
| | The Perfect Fit (Naomi Jones , James Jones), OUP Oxford | 네모, 육각형처럼 다른 모양의 친구들과 놀다가 자기에게 더 잘 맞는 곳을 찾아보려는 노란색 세모 이야기 |
| | The Snowy Day (Ezra Jack Keats), Puffin | 1963년 칼데콧 메달을 수상한 작품으로 하얗게 눈이 내린 날, 밖에 나가 혼자 노는 소년 이야기 |
| | The Three Wishes (Anthony Browne), Puffin UK | TV를 보고 있던 침팬지 삼 남매에게 요정이 나타나 세 가지 소원을 들어주겠다고 하면서 벌어지는 이야기 |
| | The Very Hungry Caterpillar (Eric Carle), Puffin UK | 배고픈 애벌레가 다양한 음식을 먹고 번데기가 되고 아름다운 나비가 되는 내용의 이야기 |
| | The Very Impatient Caterpillar (Ross Burach), Scholastic | 어서 나비가 되고 싶은 참을성 없고 수다스러운 애벌레 이야기 |
| | The Weather Girls (Aki Delphine Mach), Macmillan Children's Books | 더운 여름날에는 수영, 추운 겨울날에는 눈사람 만들기 등 날씨에 따라 할 수 있는 여러 가지 활동을 보여 주는 그림책 |
| | Tiny T. Rex and the Impossible Hug (Jonathan Stutzman), Chronicle Books | 팔이 짧아서 친구에게 포옹을 해줄 수 없어 안타까운 꼬마 공룡 이야기 |

| | | |
|---|---|---|
| | Tiny T. Rex and the Very Dark Dark (Jonathan Stutzman), Chronicle Books | 뒷마당에서 캠핑을 하고 싶지만 어둠이 마냥 두렵기만 한 두 마리 공룡 이야기 |
| | Triangle (Jon Klassen, Mac Barnett), Walker Books (UK) | 네모 집에 가서 네모에게 장난을 치다가 반격을 당하는 세모 이야기 |
| | When Spring Comes (Kevin Henkes),  HarperCollins (US) | 봄이 오면 생기는 여러 가지 변화를 하나씩 찬찬히 보여 주는 그림책 |
| | While We Can't Hug (Polly Dunbar, Eoin McLaughlin), Faber and Faber | 서로 안아 줄 수 없는 고슴도치와 거북이가 마음을 표현하는 여러 가지 방법을 보여 주는 그림책 |
| | Whistle for Willie (Ezra Jack Keats), Puffin | 동네 형처럼 멋지게 휘파람을 불고 싶어서 애쓰는 피터 이야기 |
| | Who Sank the Boat? (Pamela Allen), Putnam | 소, 당나귀, 양, 돼지, 생쥐가 차례로 작은 보트에 타다가 결국 보트가 가라앉는 이야기 |
| | Will You Be My Friend? (Sam McBratney, Anita Jeram), Walker Books (UK) | 밖에 나가 혼자 놀다가 흰색 토끼와 친구가 되는 갈색 토끼 이야기 |

### 주제별 영어 그림책

엄마표 영어를 시작할 때 영어 그림책 고르기가 힘들다면 온라인 서점의 주제별 필터를 이용해 보세요. 예를 들어, 강아지를 좋아하는 아이라면 강아지가 주인공인 책으로 아이의 흥미를 돋울 수 있습니다. 주제별 어휘를 반복 노출해 주는 효과도 기대할 수 있습니다. 감정에 관한 그림책을 여러 권 읽어 준다면 공통적으로 쓰인 감정 형용사를 자연스레 구어로 알게 됩니다. 알파벳을 익힐 때는 플랩북, 팝업북 등 다양한 형태의 알파벳 그림책을 보여 주면 효과적입니다.


동물

| 표지 | 책 제목 (저자) | 출판사 |
|---|---|---|
|  | Bark, George (Jules Feiffer) | HarperCollins Children's Books |
|  | Bear's Magic Pencil (Anthony Browne) | HarperCollins (US) |
|  | Dear Zoo (Rod Campbell) | Little Simon |
|  | Doggies : A Counting and Barking Book (Sandra Boynton) | Simon&Schuster |

| | | |
|---|---|---|
| | Hoot Owl, Master of Disguise (Sean Taylor, Jean Jullien) | Walker Books (UK) |
| | I Am a Tiger (Ross Collins, Karl Newson) | Macmillan Children's Books |
| | I Am Not a Chair! (Ross Burach) | HarperCollins (US) |
| | I Don't Want to Be a Frog (Dev Petty) | Dragonfly Books |
| | I'm the Best (Lucy Cousins) | Candlewick Press |
| | Is There a Dog in This Book? (Viviane Schwarz) | Walker Books (UK) |
| | Kitten's First Full Moon (Kevin Henkes) | Greenwillow Books |
| | Mr. Tiger Goes Wild (Peter Brown) | Two Hoots |
| | Night Animals (Gianna Marino) | Viking |

| | Penguin (Polly Dunbar) | Walker Books (UK) |
|---|---|---|
| | Silly Suzy Goose (Petr Horacek) | Walker Books (UK) |
| | The Cow Who Climbed a Tree (Gemma Merino) | Macmillan Children's Books |
| | There's a Bear on My Chair (Ross Collins) | Nosy Crow Ltd |
| | They All Saw a Cat (Brendan Wenzel) | Chronicle Books |
| | What a Naughty Bird (Sean Taylor, Dan Widdowson) | Templar |
| | What Does An Anteater Eat? (Ross Collins) | Nosy Crow Ltd |

가족&사랑

| 표지 | 책 제목 (저자) | 출판사 |
|---|---|---|
| | A Bit Lost (Chris Haughton) | Walker Books (UK) |
| | Big Red Lollipop (Sophie Blackall, Rukhsana Khan) | Viking |
| | Daisy You Do! (Nick Sharratt, Kes Gray) | Red Fox |
| | Dear Girl (Amy Krouse Rosenthal, Tom Lichtenheld) | HarperCollins (US) |
| | Forever (Emma Dodd) | Templar |
| | Guess How Much I Love You (Sam McBratney, Anita Jeram) | Walker Books (UK) |
| | How Do I Love You? (Caroline Jayne Church , Marion Dane Bauer) | Cartwheel Books |
| | I Love You Through And Through (Caroline Jayne Church, Bernadette Rossetti Shustak) | Cartwheel Books |

| | I Will Love You Forever (Caroline Jayne Church) | Cartwheel Books |
|---|---|---|
| | Love You Forever (Robert Munsch) | Firefly Books |
| | Mama, Do You Love Me? (Barbara M. Joosse) | Chronicle Books |
| | My Big Shouting Day! (Rebecca Patterson) | Rebecca Patterson |
| | My Mum (Anthony Browne) | Random House |
| | No, David! (David Shannon) | Scholastic |
| | On the Night You Were Born (Nancy Tillman) | Feiwel&Friends |
| | Peter's Chair (Ezra Jack Keats) | Viking |
| | Someday (Peter H. Reynolds , Alison McGhee) | Little Simon |

| 표지 | 책 제목 (저자) | 출판사 |
|---|---|---|
| | The Daddy Book (Todd Parr) | Little, Brown Books for Young Readers |
| | The Heart and the Bottle (Oliver Jeffers, Drew Daywalt) | HarperCollins UK |
| | Whose Baby am I? (John Butler) | Penguin US |

## 색깔

| 표지 | 책 제목 (저자) | 출판사 |
|---|---|---|
| | A Color of His Own (Leo Lionni) | Dragonfly Books |
| | Blue Hat, Green Hat (Sandra Boynton) | Simon&Schuster |
| | Brown Bear, Brown Bear, What do you See? (Eric Carle, Bill Martin Jr) | Henry Holt&Company |
| | Lemons Are Not Red (Laura Vaccaro Seeger) | Roaring Brook |

| | | |
|---|---|---|
| | Mix It Up! (Herve Tullet) | Chronicle Books |
| | Mouse Paint (Ellen Stoll Walsh) | Voyager Paperbacks |
| | My Crayons Talk (G. Brian Karas, Patricia Hubbard) | Henry Holt&Company |
| | Red Rockets and Rainbow Jelly (Nick Sharratt, Sue Heap) | Puffin |
| | Sky Color (Peter H. Reynolds) | Candlewick Press |
| | The Mixed-Up Chameleon (Eric Carle) | HarperTrophy |

감정

| 표지 | 책 제목 (저자) | 출판사 |
|---|---|---|
| | Colour Me Happy (Shen Roddie), Macmillan Children's Books | Macmillan Children's Books |

| | | |
|---|---|---|
| | Everybody! (Elise Gravel) | Scholastic |
| | Glad Monster, Sad Monster (Ed Emberley, Anne Mirana) | Little, Brown and Company |
| | Grumpy Monkey (Suzanne Lang, Max Lang) | Random House Books for Young Readers |
| | How Do You Feel? (Anthony Browne) | Walker Books |
| | I Am (Not) Scared (Anna Kang, Christopher Weyant) | Scholastic |
| | Me and My Fear (Francesca Sanna) | Flying Eye Books |
| | Mr Panda's Feelings (Steve Antony) | Hodder Children's Books |
| | Red Red Red (Polly Dunbar) | Walker Books (UK) |
| | The Colour Monster (Anna Llenas) | Templar |

| 표지 | 책 제목 (저자) | 출판사 |
|------|---------------|--------|
| | The Feelings Book (Todd Parr) | Little, Brown and Company |
| | When Sadness is at Your Door (Eva Eland) | Random House |
| | When Sophie's Feelings Are Really, Really Hurt (Molly Bang) | Blue Sky Press |
| | When Sophie Gets angry- Really, Really Angry (Molly Bang) | Scholastic |
| | Where Happiness Begins (Eva Eland) | Andersen Press |

## 잠자리 동화

| 표지 | 책 제목 (저자) | 출판사 |
|------|---------------|--------|
| | A Big Mooncake for Little Star (Grace Lin) | Little, Brown Books for Young Readers |
| | Good Night, Gorilla (Peggy Rathmann) | Puffin |

| | | |
|---|---|---|
| | Good Night, I Love You (Caroline Jayne Church) | Cartwheel Books |
| | Goodnight Already! (Jory John, Benji Davies) | HarperCollins UK |
| | Goodnight Moon (Margaret Wise Brown) | HarperFestival |
| | Goodnight, Butterfly (Ross Burach) | Scholastic |
| | Goodnight, Mr Panda (Steve Antony) | Hodder Children's Books |
| | Hush! A Thai Lullaby (Minfong Ho, Holly Meade) | Scholastic |
| | Nighty Night, Little Green Monster (Ed Emberley) | LB Kids |
| | Nighty-Night (Leslie Patricelli) | Candlewick Press |

겨울&크리스마스

| 표지 | 책 제목 (저자) | 출판사 |
|------|----------------|--------|
| | A Polar Bear in the Snow (Mac Barnett) | Walker Books (UK) |
| | Dear Santa (Rod Campbell) | Little Simon |
| | Don't Shake the Present! (Bill Cotter) | Sourcebooks Jabberwocky |
| | It's Christmas, David! (David Shannon) | Scholastic |
| | Ketchup on Your Reindeer (Nick Sharratt) | Alison Green Books |
| | Oh, No! Shark in the Snow (Nick Sharrat) | Puffin UK |
| | Santa Claus the World's Number One Toy Expert (Marla Frazee) | HMH Books for Young Readers |
| | Snow (Uri Shulevitz), Farrar | Straus&Giroux |

| 표지 | 책 제목 (저자) | 출판사 |
|---|---|---|
| | Suzy Goose and the Christmas Star (Petr Horacek) | Walker Books (UK) |
| | The Snowy Day (Ezra Jack Keats) | Puffin |

## 알파벳

| 표지 | 책 제목 (저자) | 출판사 |
|---|---|---|
| | Alpha Bugs (David A. Carter) | Little Simon |
| | Alphabet Animals (Suse MacDonald) | Little Simon |
| | Alphabet City (Stephen T. Johnson) | Viking |
| | Alphabet Ice Cream(Nick Sharratt, Sue Heap) | Puffin |
| | B is for Box (David A. Carter) | Little Simon |

| 표지 | 책 제목 (저자) | 출판사 |
|------|--------------|--------|
| | Chicka Chicka Boom Boom (Bill Martin Jr. Lois Ehlert, John Archambault) | Little Simon |
| | I Spy an Alphabet in Art (Lucy Micklethwait) | HarperTrophy |
| | Q Is for Duck (Jack Kent) | HMH Books for Young Readers |
| | Tomorrow's Alphabet (Donald Crews, George Shannon) | HarperTrophy |
| | Z Is for Moose (Paul O. Zelinsky, Kelly Bingham) | Greenwillow Books |

## 친구&우정

| 표지 | 책 제목 (저자) | 출판사 |
|------|--------------|--------|
| | A Birthday for Cow! (Jan Thomas) | HMH Books for Young Readers |
| | I Love You Already! (Jory John, Benji Davies) | HarperCollins UK |

| | | |
|---|---|---|
| | I Need a Hug (Aaron Blabey) | Scholastic |
| | Little Blue and Little Yellow (Leo Lionni) | Dragonfly Books |
| | My Friends Make Me Happy! (Jan Thomas) | HMH Books for Young Readers |
| | Penguin and Pinecone (Salina Yoon) | Bloomsbury |
| | Stick and Stone (Beth Ferry, Tom Lichtenheld) | HMH Books for Young Readers |
| | The Hug (Polly Dunbar, Eoin McLaughlin) | Faber and Faber |
| | The Rabbit Listened (Cori Doerrfeld) | Dial Books |
| | The Story of Fish & Snail (Deborah Freedman) | Viking |
| | We Are (Not) Friends (Anna Kang, Christopher Weyant) | Scholastic |

| 표지 | 책 제목 (저자) | 출판사 |
|---|---|---|
| | We Love You, Mr. Panda (Steve Antony) | Hodder Children's Books |
| | When Pencil Met Eraser (Karen Kilpatrick, Luis O. Ramos Jr., German Blanco) | Imprint |
| | When Pencil Met the Markers (Karen Kilpatrick, Luis O. Ramos Jr. , German Blanco) | Imprint |
| | Will You Be My Friend? (Sam McBratney, Anita Jeram) | Walker Books (UK) |

## 상상력

| 표지 | 책 제목 (저자) | 출판사 |
|---|---|---|
| | Beautiful Oops! (Barney Salzberg) | Workman Publishing |
| | Frida and Bear (Anthony Browne) | Walker Books (UK) |
| | Have You Ever Seen a Flower? (Shawn Harris) | Chronicle Books |

| | | |
|---|---|---|
| | It looked like spilt milk (Charles Green Shaw) | HarperTrophy |
| | Not a Box (Antoinette Portis) | HarperFestival |
| | Not a Stick (Antoinette Portis) | HarperFestival |
| | Open This Little Book (Suzy Lee, Jesse Klausmeier) | Chronicle Books |
| | Shark in the Park (Nick Sharrat) | Corgi Childrens |
| | The OK Book (Amy Krouse Rosenthal , Tom Lichtenheld) | HarperCollins (US) |
| | This Book Just Ate My Dog! (Richard Byrne) | OUP Oxford |

음식

| 표지 | 책 제목 (저자) | 출판사 |
|---|---|---|
| | Bee-Bim Bop! (Linda Sue Park) | Houghton Mifflin Harcourt |
| | Handa's Surprise (Eileen Browne) | Walker Books (UK) |
| | Little Pea (Amy Krouse Rosenthal, Jen Corace) | Chronicle Books |
| | Nanette's Baguette (Mo Willems) | Walker Books (UK) |
| | No Kimchi for Me! (Aram Kim) | Holiday House |
| | Pete's a Pizza (William Steig) | Puffin |
| | The Very Hungry Caterpillar (Eric Carle) | Puffin UK |
| | The Watermelon Seed (Greg Pizzoli) | Disney-Hyperion |

| 표지 | 책 제목 (저자) | 출판사 |
|------|---------------|--------|
| | Today Is Monday (Eric Carle) | Putnam |
| | Yummy Yucky (Leslie Patricelli) | Candlewick Press |

## 유머와 반전

| 표지 | 책 제목 (저자) | 출판사 |
|------|---------------|--------|
| | Baa Baa Smart Sheep (Mark Sommerset, Rowan Sommerset) | Candlewick Press |
| | Cake (Sue Hendra) | Macmillan Children's Books |
| | Circle (Jon Klassen, Mac Barnett) | Walker Books (UK) |
| | Creepy Carrots! (Peter Brown, Aaron Reynolds) | Simon&Schuster Books for Young Readers |
| | I Love Lemonade (Mark Sommerset, Rowan Sommerset) | Candlewick Press |

| 표지 | 책 제목 (저자) | 출판사 |
|---|---|---|
| | Me First (Michael Escoffier & Kris Di Giacomo) | Enchanted Lion Books |
| | My Lucky Day (Keiko Kasza) | Puffin |
| | Sam and Dave Dig A Hole (Jon Klassen, Mac Barnett) | Walker Books (UK) |
| | Still Stuck (Shinsuke Yoshitake) | Abrams Books for Young Readers |
| | That Is Not a Good Idea! (Mo Willems) | Walker Books (UK) |

## 상호 작용

| 표지 | 책 제목 (저자) | 출판사 |
|---|---|---|
| | Can You Make a Scary Face? (Jan Thomas) | Beach Lane Books |
| | Don't Blink! (David Roberts, Amy Krouse Rosenthal) | Dragonfly Books |

| | Don't Push the Button (Bill Cotter) | Sourcebooks Jabberwocky |
|---|---|---|
| | Find the Dots (Andy Mansfield) | Candlewick Studio |
| | How Many Jelly Beans? (Andrea Menotti, Yancey Labat) | Chronicle Books |
| | Mix It Up! (Herve Tullet) | Chronicle Books |
| | Once Upon a Time (Nick Sharratt) | Walker Books (UK) |
| | Press Here (Herve Tullet) | Chronicle Books |
| | Tap the Magic Tree (Christie Matheson) | Greenwillow Books |
| | The Button Book (Sally Nicholls) | Andersen Press |

학교생활

| 표지 | 책 제목 (저자) | 출판사 |
|------|---------------|--------|
| | David Goes to School (David Shannon) | Scholastic |
| | I Love My Teacher (Todd Parr) | Little, Brown Books for Young Readers |
| | I Love School! (Philemon Sturges, Shari Halpern) | HarperTrophy |
| | Knuffle Bunny Too (Mo Willems) | Walker Books (UK) |
| | My Teacher is a Monster! (Peter Brown) | Two Hoots |
| | The Colour Monster Goes to School (Anna Llenas) | Templar |
| | The Pigeon HAS to Go to School! (Mo Willems) | Walker Books (UK) |
| | When Sophie Thinks She Can't (Molly Bang) | Blue Sky |

| 표지 | 책 제목 (저자) | 출판사 |
|------|----------------|--------|
| | All by Myself (Aliki) | HarperCollins Children's Books |
| | Brush Your Teeth, Please (Leslie McGuire, Jean Pidgeon) | Reader |
| | Excuse Me! (Karen Katz) | Grosset&Dunlap |
| | I Can Share (Karen Katz) | Grosset&Dunlap |
| | Please Mr. Panda (Steve Antony) | Hodder Children's Books |
| | Thank You, Mr. Panda (Steve Antony) | Hodder Children's Books |
| | Time to Pee (Mo Willems) | Hyperion Books for Children |
| | Time to Say 'Please'! (Mo Willems) | Hyperion Books for Children |

# 생활 영어와
놀이 영어

## 마중물이 되는 엄마의 생활 영어

엄마표 영어 시간표를 만들고 실천하는 동안 틈틈이 영어 문장도 아이에게 건네 보면 어떨까요? 엄마가 건네는 영어 문장을 통해 아이는 영어가 의사소통의 수단이라는 것을 책이나 영상이 아닌 생활 속에서 경험할 수 있습니다. 엄마가 쓰는 영어는 집이라는 편안한 환경에서 아이의 아웃풋을 끌어내는 데도 유용합니다. 그래서 저는 엄마표 생활 영어를 '마중물'에 비유하곤 합니다. 지하수를 펌프질로 끌어올리기 위해 한 바가지 붓는 마중물처럼 엄마가 쓰는 생활 영어는 아이에게 쌓인 인풋이 아웃풋으로 나올 수 있게 도와줍니다.

올해 6살이 된 도윤이를 키우고 계신 황자경 님은 아침 인사, 밤 인사를 비롯한 가벼운 인사를 시작으로 하루에 몇 문장씩이라도 아이에게 영어로 말을 건넸습니다. 도윤이는 어느 순간, "Please put on your shoes.", "Let's wash our hands."와 같은 간단한 생활 영어는 바로 이해하고 그에 맞게 행동했습니다. 뿐만 아니라 영어로 말하는 엄마의 모습을 보며 본인도 영어로 말해 보고 싶다는 생각을 했습니다. 어느 날, 도윤이는 우유를 마시다가 엄마에게 이렇게 물었습니다.

"엄마, '우유 더 주세요.'는 영어로 뭐라고 해요?"

"도윤아, 그건 영어로 'Please give me some more milk.'라고 하면 돼."

"Mommy, please give me some more milk."

황자경 님은 도윤이가 무척 기특했고 앞으로 좀 더 열심히 엄마표 영어를 실천하리라는 다짐을 했습니다.

엄마표 영어 초반에 아이에게 쓸 수 있는 문장들은 쉽고 간단합니다. 영어 울렁증이 있는 엄마라도 연습하면 충분히 말할 수 있습니다. 입이 잘 떨어지지 않는 분들은 앞서 소개해드린 카카오 번역을 활용해 보세요. 영어 그림책이나 동요에 나오는 문장들을 정리해서 건네 봐도 좋습니다. 먼저 아이에게 영어로 하고 싶은 문장을 소리 내어 읽어 보세요. 그다음 포스트잇에 써서 식탁 옆, 화장실 거울, 침대 머리맡 등 그 문장을 쓸 수 있는 장소에 붙이세요.

포스트잇에 쓰인 문장들을 슬쩍 보고 상황에 맞게 써 주세요. 이때 우리말 해석은 굳이 해 줄 필요가 없습니다. 만약 아이가 문장의 뜻을 묻는다면 행동으로 보여 줄 수 있는 문장은 직접 행동을 하면서 영어로 말해 주세요. 그래도 뜻을 묻는다면 우리말 뜻을 알려 주세요. 그리고 다시 한번 영어로 말해 주세요. 같은 상황에서 다음에는 영어로만 이야기해 주면 됩니다. 남편이 옆에 있을 때, 아이에게 영어로 말을 건네는 것이 망설여진다면 이렇게 생각해 보세요. '남편이 웃으면 어때? 나는 아이와 함께 성장하기 위해 공부하고 노력하는 멋진 엄마인걸!'

Please sit down at the dinning table. (식탁에 앉으렴.) -식탁 근처에서

Let's floss your teeth. (치실하자) -화장실 거울을 보며

Sleep tight! Sweet dreams. (푹 자렴. 좋은 꿈 꿔.) -침대 머리맡에서


영어 강사로 오래 일한 저도 처음에는 아이에게 영어로 말을 건네자니 쑥스러운 마음이 들었습니다. 그래도 아이 앞에서 혼잣말하듯이 종종 영어 문장을 쓰긴 했습니다. 예를 들어, 아이가 이유 없이 실실 웃을 때마다 "What's so funny?"와 같은 간단한 문장을 말해 주곤 했습니다. 4살 된 딸이 어느 날, 웃고 있는 저를 보며 정확한 f 발음을 넣어 저 문장을 말했습니다. 아이에게 좀 더 자주

영어로 말을 건네야겠다는 결심을 그때 했습니다.

그래도 여전히 쑥스러워서 친숙한 영어 동요 가사를 상황에 맞게 노래하듯 말해주곤 했습니다. 집 안 정리를 할 때는 Clean Up 이라는 동요에 나오는 "Clean up, clean up, everybody, let's clean up." 가사를 말해주었습니다. 양치질할 때는 "This is the way we brush our teeth, brush our teeth."라는 〈This Is The Way〉에 나오는 가사를 활용했습니다. 아이와 놀이를 할 때도 은근슬쩍 영어를 한두 마디 써 주곤 했습니다. 숨바꼭질할 때는 "You go hide first. Let me count to ten. Ready or not, here I come." 이렇게 말해주었습니다. 달리기 시합할 때는 "Ready, steady, go!"와 같은 간단한 문장을 썼습니다.

영어 동영상 보기, 그림책 읽기 등이 일상이 되면서 엄마가 건네는 생활 영어에도 아이가 차츰 익숙해졌습니다. 그 후로는 다양한 상황에서 생활 영어를 건넸고 아이가 먼저 영어로 말을 꺼내는 순간도 왔습니다. 이제는 아이와 일상적인 대화를 영어로 나누는 것이 어색하지 않습니다.


## 아이의 아웃풋에는 이렇게 반응하자

저희 아이는 청각형에 수다형(?)이라 영어 노출을 시작하고

6개월 정도가 지나자 영어 단어나 문장을 소리 내어 말하곤 했습니다. 물론 문법적으로 완벽하지 않았습니다. 발음이 정확하지 않거나 엉뚱한 단어를 말하는 경우도 있었습니다. 그럴 때 문장이 틀렸다고 지적하거나 고쳐주지는 않았습니다. 그런데 남편은 아이가 잘못 말하는 단어가 있으면 그 자리에서 바로 고쳐주려고 했습니다. 달리기 시합을 할 때, 아이가 한동안 "Ready, steady, go!"를 "Ready, daddy, go!"라고 말하곤 했습니다. 남편은 "daddy가 아니고 steady야."라고 매번 콕 짚어냈습니다. 기분이 상한 아이는 저에게 달려와 "엄마, ready, daddy, go! 맞지?"라고 물었습니다.

매일 영어 노출을 해 주다 보면 자연스레 아이의 아웃풋이 나올 수 있습니다. 영어 동영상에서 들은 문장을 어설프게나마 말하기도 하고 엄마가 건네는 생활 영어에 대답을 하기도 합니다. 인형이나 피규어를 가지고 영어로 말하며 역할 놀이를 하기도 합니다. 이때 아이의 영어를 일일이 지적하고 교정하는 것은 바람직하지 않습니다. "그게 아니야. 그렇게 발음하는 거 아니야. 이렇게 말해야지."라고 매번 지적하면 아이가 망설이지 않고 영어로 말할 수 있을까요? 이 시기에는 정확성보다는 유창성에 초점을 맞추고 "잘한다, 대단하다!"라고 칭찬하고 격려하며 아이의 자신감을 키워줘야 합니다.

아이의 아웃풋에 대한 교정을 하고 싶다면 간접 교정(Indirect

feedback)을 하세요. 아이가 "Sweet dreams."를 "스윗 구림즈"라고 발음한다면, "구림즈가 아니라 드림즈야."라고 직접적으로 교정하는 대신 "Sweet dreams, sweetie."라고 바른 문장으로 말해 주면 됩니다. 엄마 아빠가 제대로 발음해 주고 영상과 그림책 등을 통한 아이의 인풋이 늘어나면 아이가 스스로 교정을 합니다. 김영훈 박사는 『하루 15분 그림책 읽어주기의 기적』에서 다음과 같이 말합니다.

"인간의 뇌는 '아주 잘했다, 정말 멋진데?'라는 칭찬을 들으면 도파민이라는 신경 전달 물질이 나와 더 집중이 잘 되게 해, 뇌가 더욱더 효율적으로 돌아가게 한다. 반대로 '그렇게 읽으면 안 되지. 그런 생각은 나빠'라는 식으로 야단을 치면 스테로이드 호르몬이 분비되면서 뇌가 위축된다. 도파민이 줄어들고 스테로이드 호르몬이 증가하면 뇌의 정보 흐름에 문제가 생기고 작업 기억력이 떨어진다."

새로운 언어를 습득 또는 학습할 때, 가장 중요한 것은 내적 동기와 자신감입니다. 엄마표 영어가 효과적으로 진행되려면 '영어는 재미있어, 나는 영어를 잘해. 나는 영어를 더 잘하고 싶어.' 이런 마음을 아이가 가질 수 있어야 합니다. 아이에게 가장 많은 영향을 끼치는 엄마 아빠가 아이의 내적 동기와 자신감을 키워 줄 수 있습니다.

# 영알못 엄마도 매일 쓸 수 있는
# 엄마표 생활 영어 문장 100

1. 30분 동안 TV 보렴. You can watch TV for half an hour.

2. 가서 손 씻어. Please go wash your hands.

3. 갈 준비되었니? Are you ready to go?

4. 거울을 봐봐. Look in the mirror.

5. 거의 집에 다 왔어. We are almost home.

6. 걱정하지 않아도 돼. You don't have to worry.

7. 그거 거기 두렴. Please leave it there.

8. 그거 다했어? Are you done with that?

9. 그렇게 말해 줘서 고마워. Thank you for saying so.

10. 그만 울어. Please stop crying.

11. 나는 너를 정말 많이 사랑해. I love you so much!

12. 나는 네가 집중했으면 해. I want you to focus.

13. 날씨가 점점 더 추워진다. It is getting colder.

14. 내 말 들어 봐. Please listen to me.

15. 내가 너 도와줄게. Let me help you.

16. 내가 네 손톱 잘라 줄게. Let me clip your fingernails.

17. 너 기분이 좋아 보여. You look happy.

18. 너 다칠 수도 있어. You might get hurt.

19. 너 오늘따라 투덜거리네. You are being grumpy today.

20. 너 이거 뒤집어서 입고 있네. You are wearing this inside out.

21. 너 치실 해야 해. You have to floss your teeth.

22. 너는 몇 살이지? How old are you?

23. 너는 정말 상냥해. You are so sweet.

24. 너의 기분을 상하게 하려고 했던 건 아니야. I didn't mean to hurt your feeling.

25. 넌 엄마를 행복하게 해. You make Mommy happy.

26. 넌 예전에 통통했었어. You used to be chubby.

27. 넌 우리를 웃게 해. You make us laugh.

28. 넘어지지 않게 조심해. Be careful not to fall over.

29. 네 머리카락이 엉켰네. Your hair is tangled.

30. 네 입술이 텄네. Your lips are chapped.

31. 네 침대에 누우렴. Lie down on your bed.

32. 네가 좋아하는 색을 골라 봐. Pick your favorite color.

33. 눈 감고 있어. Keep your eyes closed.

34. 다 먹었어? Are you done eating?

35. 다시 한번 해 봐. Please try again.

36. 똑바로 서 봐. Please stand up straight.

37. 뛰지 말라고 말했잖아. I told you not to run.

38. 만약 비가 오면? What if it rains?

39. 만약 우리가 늦으면? What if we are late?

40. 많이 아파? Does it hurt a lot?

41. 머리 조심해. Watch your head.

42. 문을 당겨서 열어. Pull the door open.

43. 물 쏟지 않게 조심해. Please be careful not to spill the water.

44. 물 잠그는 걸 깜박했구나. You forgot to turn off the water.

45. 물 좀 마실래? Do you want some water?

46. 물 튀기지 않기! No splashing!

47. 뭐 때문에 우는 거야? What are you crying about?

48. 바닥에 장난감이 너무 많이 있네. There are too many toys on the floor.

49. 밥을 마저 먹는 게 어때? Why don't you finish your meal?

50. 방귀 뀌었어? Did you fart?

51. 버스 온다. Here comes the bus.

52. 버튼 눌러. Push the button.

53. 변기 물을 꼭 내리도록 해. Make sure to flush the toilet.

54. 분명 엄청 배고프겠다. You must be starving.

55. 빨래는 이렇게 개는 거야. This is the way we fold our laundry.

56. 빨리 선물을 열어보고 싶구나. You can't wait to open the present.

57. 소리 내서 읽어 줄래? Can you read it out loud?

58. 소원을 빌어. Make a wish.

59. 손 씻는 걸 깜박했구나. You forgot to wash your hands.

60. 쉬 했어? Did you pee?

61. 식사 전에 손을 꼭 씻도록 해. Make sure to wash your hands before meals.

62. 신발을 짝짝이로 신고 있네. You are wearing your shoes on the wrong feet.

63. 아침 식사로 뭘 먹을래? What do you want for breakfast?

64. 안전벨트 해야 해. You have to buckle up.

65. 약속 지켜야지. Please keep your promise.

66. 양치질은 이렇게 하는 거야. This is the way we brush our teeth.

67. 어서 밖에 나가고 싶구나. You can't wait to go outside.

68. 어째서 오늘 짜증이야? How come you are so cranky today?

69. 엄마 손 잡으렴. Please hold Mommy's hand.

70. 엄마에게 뽀뽀 한번 해줘. Please give Mommy a kiss.

71. 여기 있어. Here it is.

72. 여행 가게 되어서 신나? Are you excited to go on a trip?

73. 오늘 하루 어땠어? How was your day?

74. 왕자님(공주님) 같아. You look like a prince(princess)

75. 왜 속상해? Why are you upset?

76. 우리 거의 다 왔어. We are almost there.

77. 우리 산책 가면 어때? Why don't we go for a walk?

78. 우리는 서둘러야 해. We should hurry up.

79. 음식으로 장난치지 않는 게 좋겠다. You had better not play with your food.

80. 의자를 당겨서 꺼내. Pull out the chair.

81. 이 책 누구 거야? Whose book is this?

82. 이거 고쳐야겠다. It needs fixing.

83. 이거 너한테 너무 작다. This is too small for you.

84. 이건 어때? How about this?

85. 이제 다 컸네. You are a big girl(boy) now.

86. 잘 시간이야. It is time to sleep.

87. 좋은 꿈 꾸렴. Sweet dreams.

88. 집에 가자. Let's go home.

89. 징징대지 않기! No whining!

90. 차 타렴. Please get in the car.

91. 창밖을 봐봐. Look out the window.

92. 촛불을 끄렴. Blow out the candles.

93. 코 풀어. Blow your nose.

94. 코가 막혔구나. You have a stuffy nose.

95. 편하게 물어봐. Feel free to ask.

96. 피곤하지 않니? Aren't you tired?

97. 한번 봐봐. Have a look.

98. 한입 먹어봐. Have a bite.

99. 화난 것처럼 들리네. You sound angry.

100. 화내서 미안해. I am sorry for getting mad.

# 집에서 하는 영어 놀이 10

감정의 뇌인 대뇌변연계는 7세 이전에 집중적으로 발달합니다. 이 시기에 아이와 놀이로 소통하는 것은 아이에게 정서적 만족감을 주고 뇌 발달에도 긍정적인 영향을 줍니다. 뿐만 아니라 엄마 아빠와 상호 작용하며 자연스럽게 알게 된 영어는 일방적인 노출보다 훨씬 더 소화 흡수가 잘 되는 영양가 있는 인풋이 됩니다.

## 그림자 놀이

### 준비물: 램프

방에 불을 끄고 등을 하나 켜세요. 손으로 동물 모양을 만들어 벽에 그림자가 생기게 하고 서로 맞혀 보세요.

-Target Word: rabbit, elephant, bird와 같은 동물 이름

[예시 대화]

엄마  Look at this shadow. Can you guess whose shadow it is? 이 그림자 봐봐. 누구 그림자인지 맞혀 볼래?

아이  Duck! 오리요!

엄마  No, it is a rabbit. Look at those long ears. 아니, 토끼야. 긴 귀를 봐봐.

아이  Let me try. Mommy, guess whose shadow. 제가 해 볼래요.

엄마, 이건 누구의 그림자일까요?

엄마    It looks like a bird. 새처럼 보이는데.

아이    Right, it's an eagle. 맞아요. 이건 독수리예요.

**[연계 그림책]**

❖ Duck! Rabbit! (Tom Lichtenheld, Amy Krouse Rosenthal)

이렇게 보면 오리처럼 보이고 저렇게 보면 토끼처럼 보이는 동물을 두고 두 사람이 입씨름을 하는 내용의 그림책입니다. 그림자 놀이를 할 때, 아이에게 이 그림책을 상기시키며 벽에 비친 그림자를 어느 방향으로, 어떻게 보느냐에 따라 다른 동물이나 모양으로 볼 수 있다는 것을 알려 주세요.

**[연계 동요]**

❖ Rock Scissors Paper

주먹, 가위, 보자기를 이용해 다양한 동물을 만들어 보여 주는 슈퍼 심플송입니다. 아이와 함께 영상을 보며 직접 따라 해 보세요. 여러 가지 동물 이름을 영어로 익힐 수 있을 뿐만 아니라 손으로 어떤 동물 모양을 만들어 낼 수 있는지 아이디어를 얻고 그림자 놀이를 할 때 활용할 수 있습니다.

## 무지개 색깔 찾기 놀이

**준비물: 무지개 그림이나 사진**

아이에게 무지개 그림이나 사진을 보여 주세요. 각 색깔을 영어로 알려 주시고 가장 좋아하는 색깔도 물어보세요. 그다음 집 안에서 빨간색, 노란색 등의 물건을 찾아보세요.

-Target Word: red, green, yellow처럼 무지개에 들어있는 색깔

**[예시 대화]**

엄마　How many colors are there in a rainbow? 무지개에는 몇 가지 색깔이 있지?

아이　Let's see. 7 colors. 어디 보자. 7가지 색깔이요.

엄마　Which one is your favorite color? 넌 무슨 색을 제일 좋아해?

아이　Yellow! 노란색이요!

엄마　Let's find something yellow. 노란색인 걸 찾아보자.

아이　I found one! Look at this cup. 찾았어요! 이 컵을 보세요.

　　　Mommy, this time, let's find something blue. 엄마, 이번에는 파란색인 걸 찾아봐요.

## [연계 그림책]

❖ Colour Me Happy! (Ben Cort , Shen Roddie)

화가 날 때는 빨간색, 샘이 날 때는 초록색, 행복할 때는 무지개색 등 여러 가지 감정을 다양한 색깔로 나타낸 그림책입니다. 노래로 만든 음원이 있는 책이므로 색깔 관련 놀이를 하기 전, 책을 읽어 주고 음원을 틀어 주면 다양한 색깔을 우리말 해석 없이도 구어로 빠르게 익힐 수 있습니다.

## [연계 동요]

❖ Rainbow Colors Song

빨간색 사과, 주황색 당근, 노란색 레몬처럼 과일이나 야채에 색깔을 연결시킨 동요입니다. 이 노래 가사처럼 주변에서 흔히 볼 수 있는 사물과 색깔을 묶어서 기억하면 연상 작용으로 단어를 떠올리기가 좀 더 쉽습니다.

## 감정 맞히기 놀이

### 준비물: 스케치북

엄마와 아이가 번갈아 가면서 스케치북에 다양한 표정의 얼굴을 그리고 감정을 맞히는 놀이를 해 보세요.

-Target Word: happy, sad, angry 등과 같은 감정을 나타내는 단어

[예시 대화]

엄마   Look at this boy. How does he feel? 이 아이 봐봐. 이 친구는
기분이 어때?

아이   He feels angry. 화났어요!

엄마   Right, he looks very angry. How about this girl? How does
she feel? 맞아. 아주 화나 보이네. 이 아이는 기분이 어때?

아이   She feels happy. Let me draw this time. How does he feel?
얘는 행복해요. 이번엔 제가 그려 볼게요. 이 친구는 기분이
어때요?

엄마   He looks excited. 신나 보이네.

[연계 그림책]

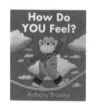

❖ How Do You Feel? (Anthony Browne)

기분을 나타내는 여러 가지 단어들을 패턴으
로 익힐 수 있는 그림책입니다. 고릴라가 처한
상황과 표정을 짚어 주며 어떤 기분을 느끼고 있
을지 아이에게 질문해 보세요. 그림책으로 인풋을 한 후, 감정 맞
히기 놀이를 하면 아이가 좀 더 다양한 기분과 표정을 표현할 수
있습니다.

**[연계 동요]**

❖ This Is A Happy Face

 다양한 표정의 얼굴을 보여 주며 기분을 알려 주는 동요입니다. 아이와 영상 속 표정을 따라해 보세요. happy, angry, sleepy, sad처럼 감정을 나타내는 기본적인 단어들은 직접 몸으로 표현하며 익히면 효과적입니다.

## 사이먼 가라사대(Simon Says)
**준비물: 없음**

우리말로 '사이먼 가라사대'라고 번역할 수 있는 Simon Says 는 영미권에서 많이 하는 놀이입니다. 놀이 규칙은 간단합니다. Simon says 다음에 명령문을 붙이면 명령에 따라야 합니다. Simon says를 붙이지 않고 바로 명령문을 말하면 명령에 따르지 않아야 합니다. 예를 들어 "Simon says clap twice."라고 말하면 박수를 두 번 쳐야 하고 그냥 Clap twice라고 하면 박수를 치지 않아야 합니다.

-Target Word: jump, sit, clap 등의 기본 동사

**[놀이 설명 예시]**

Let's play a game called 'Simon Says.'

'사이먼 가라사대'라는 놀이를 해 보자.

If I say Simon says clap twice, you should clap twice.

내가 '사이먼 가라사대 박수 두 번을 쳐.'라고 하면 박수 두 번을 쳐야 해.

But If I just say clap twice without Simon says, you shouldn't.

만약 사이먼 가라사대가 없이 그냥 '박수 두 번을 쳐.'라고 하면 박수를 치면 안 돼.


[명령문 예시]

Sit down on the floor. 바닥에 앉아 봐.

Make a funny face. 웃긴 표정 지어 봐.

Take a look at your belly button. 네 배꼽을 한번 봐봐.

Scratch your head. 머리를 긁어 봐.

Stomp your feet. 발을 굴러 봐.


[연계 그림책]

❖ Can You Make a Scary Face? (Jan Thomas)

익살스런 표정의 무당벌레가 나타나 독자에게 "일어나 봐, 앉아 봐. 코를 찡긋해 봐. 닭춤 (치킨 댄스) 춰 봐." 등의 행동을 지시하는 그림책입니다. 책에서 시키는 대로 아이와 함께 몸을 움직여 보세요. 몸으로 나타낼 수 있는 기본 동사와 표현들은 상호 작용을 유도하는 이런 그림책 등을 통해 효과적으로 체화할 수 있습니다.

## [연계 동요]

❖ Simon Says Song for Children

 사이먼 가라사대 놀이에 멜로디를 붙여 아이들과 함께 부르는 동요입니다. 아이와 함께 영상을 보면서 사이먼 가라사대 놀이를 해 볼 수 있습니다.

## 포스트잇 놀이

**준비물: 포스트잇 여러 장**

작은 포스트잇을 얼굴에 붙이고 입으로 불어서 떼는 놀이를 해 보세요. 과장해서 웃긴 표정을 만들면 더 재밌습니다.

-Target Word: nose, chin 등 신체 부위를 나타내는 단어와 blow, fall 등의 기본 동사

### [예시 대화]

엄마   There is a sticky note on your nose. 포스트잇이 네 코에 붙어 있어.

아이   I will blow it off my nose. 내가 불어서 뗄게요.

엄마   Blow it harder. It fell off. 더 세게 불어 봐. 떨어졌다.

아이   Mom, there is a sticky note on your chin. 엄마, 볼에 포스트 잇이 있어요.

엄마   Let me blow it off my chin 내가 불어서 뗄게.

| 아이 | Mommy, you look so funny. 엄마 너무 웃겨요. |
| --- | --- |

### [연계 그림책]

❖ Go Away Big Green Monster (Ed Emberley)

책장을 넘길 때마다 초록 괴물의 눈, 코, 귀가 나타났다가 사라지는 구성으로 색깔과 얼굴 부위 명칭을 익힐 수 있는 그림책입니다. 흥미로운 구성 덕분에 아이들에게 반응이 좋은 책이므로 놀이하기 전, 여러 번 책을 읽어 주고 음원까지 틀어주면 색깔과 얼굴 부위를 영어로 금세 익힙니다.

### [연계 동요]

❖ Me!

머리, 볼, 턱, 어깨 등의 신체 부위를 영어로 알려주는 단순하고 경쾌한 동요입니다. 율동과 함께 반복되는 가사를 듣고 영상을 보면 다양한 신체 부위를 어렵지 않게 구어로 익힐 수 있습니다.

### 픽셔너리 놀이(Pictionary)

**준비물: 스케치북**

픽셔너리는 한 사람이 그림을 그리면 뭘 그렸는지 상대방이 맞히는 놀이입니다. 아이가 그림을 그리고 엄마 아빠가 맞히셔도 좋고 아니면 아이와 둘이 번갈아 가며 그림을 그리고 맞히는 방식으로 할 수도 있습니다.

-Target Word: circle, triangle, square 등의 도형 이름

**[예시 대화]**

엄마   Let's play Pictionary. You need to guess what I am drawing. 픽셔너리 놀이 하자. 엄마가 그리는 그림이 뭔지 맞춰야 해.

아이   It looks like a squid. 오징어 같은데요.

엄마   Oh, You got it. How did you know? 오, 맞혔어. 어떻게 알았어?

아이   From this triangle. Mommy, I want to draw this time. Here are two circles. 이 삼각형 보고요. 엄마, 이번에는 제가 그려볼게요. 여기 두 개의 원이 있어요.

엄마   Is it a snowman? 눈사람인가?

아이   No, it is an ice cream cone. 아니요. 아이스크림 콘이에요.

**[연계 그림책]**

❖ Frida and Bear (Anthony Browne , Hanne Bartholin)

곰과 코끼리의 그림 그리기 놀이를 통해 다양한 모양이 멋진 그림으로 변하는 과정을 보여주

는 그림책입니다. 아이들의 호기심과 상상력을 자극하는 것은 물론 '나도 이런 그림 놀이를 하고 싶다.'라는 동기를 부여해 줄 수 있습니다.

### [연계 동요]

❖ The Shape Song

 주변에서 흔히 볼 수 있는 여러 가지 사물과 동물 등에서 동그라미, 네모, 하트 모양을 찾아보는 동요입니다. 도형 이름을 영어로 익힐 수 있고 픽셔너리 놀이를 할 때 어떤 도형으로 시작할 수 있는지 아이디어도 얻을 수 있습니다.

### 알파벳 빙고

**준비물: 알파벳이 쓰여 있는 빙고판, 알파벳 카드, 바구니**

준비물은 아이와 만들거나 인터넷에서 다운받을 수 있습니다. 바구니에 알파벳 카드를 모두 넣으세요. 아이와 번갈아 가며 카드를 한 장씩 뽑으세요. 뽑은 카드에 쓰여 있는 알파벳을 외치고 빙고판에 표시를 하세요.

### [놀이 설명 예시]

We need to draw one card at a time.

한 번에 카드 한 장씩 뽑는 거야.

And then, say the name of the letter.

그러고 나서 글자 이름을 말하는 거야.

If you have that letter on your bingo board, circle the letter.

만약 빙고판에 그 글자가 있으면, 동그라미를 쳐.

Whoever gets five in a row first, is the winner.

다섯 개를 한 줄로 먼저 만드는 사람이 이기는 거야.


### [연계 그림책]

❖ 생각하는 ABC

알파벳을 연상시키는 그림으로 알파벳을 기억하게 하는 기발한 그림책입니다. 아이들의 상상력을 자극하고 알파벳에 대한 흥미를 유발합니다.


### [연계 영상]

❖ Learning ABC letter alphabets and phonics drawing with CRAYOLA COLOR MARKERS

알파벳 글자를 활용하여 각 알파벳으로 시작하는 동물을 그리는 영상입니다. 흥미롭고 재미있는 영상을 보며 알파벳을 보다 효과적으로 인지할 수 있습니다.

**알파벳 음가 놀이**

**준비물: 그림이 그려져 있는 단어 카드**

단어 카드를 테이블 위에 놓고 먼저 한 사람이 A says 'aaaa'라고 말합니다. 아이와 번갈아 가면서 a로 시작하는 단어 카드를 집으며 해당 단어를 영어로 말합니다. 다른 알파벳으로 시작하는 단어도 찾아봅니다.

-Target Word: apple, bed, cat 등의 알파벳 음가로 시작하는 기본 단어


**[예시 대화]**

엄마  What does A say? A says aaa. Let's find some words starting with A.

A는 뭐라고 말하지? A는 '애애애'라고 말하지. A로 시작하는 단어를 찾아보자.

I found one. A says aaa, apple! 찾았다. A는 '애애애'라고 말하고, 사과!

아이  I found one too. Ant! 저도 찾았어요. 개미!

엄마  What does C say? Ccc… This time, let's find some words starting with C.

C는 뭐라고 말하지? 크크크… 이번에는 C로 시작하는 단어를 찾아보자.

아이  C says ccc, cat! C는 크크크 고양이!

엄마  C says ccc, cake! C는 크크크 케이크!

**[연계 그림책]**

❖ Alphabet Ice Cream (Sue Heap&Nick Sharratt)

'A a is for apple. B b is for bat.'처럼 각 알파벳으로 시작하는 쉬운 단어들을 익힐 수 있는 그림책입니다. 노래로 만든 음원이 경쾌하고 귀에 쏙쏙 들어오는 책으로 놀이하기 전, 반복해서 들려주면 아이가 소리 내어 말할 수 있는 단어가 여러 개 생깁니다.

**[연계 동요]**

❖ Phonics Song

각 알파벳 이름과 음가를 알려 주는 노래입니다. 영상을 보여 주고 음원을 반복해서 들려주면 자연스레 알파벳 이름과 음가를 익힐 수 있습니다.

**뭐가 없어졌지?**

준비물: 그림이 그려져 있는 단어 카드

단어 카드를 테이블 위에 펼쳐 놓고 아이와 함께 한 번씩 영어로 말해 보세요. 아이 눈을 감게 한 후 카드 한 장을 치우고 어떤 카드가 없어졌는지 묻고 답하는 놀이입니다.

-Target Word: cup, fork, chair 등 일상에서 쉽게 볼 수 있는 사물의 이름

**[예시 대화]**

엄마    It is a game called 'What's Missing'. First, take a look at what we have here. '뭐가 없어졌지'라는 놀이야. 먼저 여기 뭐가 있는지 보자.

아이    Cup, fork, chair⋯. 컵, 포크, 의자⋯.

엄마    Good! We also have chopsticks. Now close your eyes. I will take one card away. 잘하네. 젓가락도 있네. 이제 눈을 감아봐. 내가 카드 한 장을 치울게.

아이    Are you done? Can I open my eyes? 다 되었어요? 눈 떠도 돼요?

엄마    Okay, what is missing? 그래, 뭐가 없어졌지?

아이    The fork! 포크요!

엄마    Right. The fork is missing. 맞아. 포크가 없어졌네.

**[연계 그림책]**

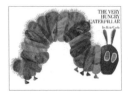

❖ The Very Hungry Caterpillar (Eric Carle)

배고픈 애벌레가 여러 가지 음식을 먹어 치우는 이야기입니다. 책에 나온 여러 가지 음식 중 하나를 손으로 가리며

what's missing 놀이를 해 볼 수 있습니다.

[연계 영상]

❖ What's missing?

영상을 보면서 뭐가 없어졌는지 맞춰 보며 이미지
와 소리를 연결하여 단어를 익힐 수 있습니다.

### 상자 속에 뭐가 있을까?

**준비물: 상자 또는 바구니, 공, 빗, 인형 등**

공, 빗, 작은 인형 등 집에 있는 물건을 상자 안에 넣으세요. 아
이가 눈을 감고 상자 속 물건을 만지고 어떤 물건인지 맞혀 보는
놀이입니다.

-Target Word: ball, pencil, block 등 일상에서 쉽게 볼 수 있는 사물의 이름

엄마　Keep your eyes closed. Put your hand in the box. What's
　　　inside the box? Can you guess what it is? 눈 감고 있어. 손을
　　　상자 속에 넣어 봐. 상자 안에 뭐가 있어? 어떤 물건인지 알겠어?

아이　It is something round. Is it a ball? No, it is not. 뭔가 둥근 물
　　　건이에요. 공이에요? 아닌데….

엄마　Open your eyes and check it out. It is a tangerine. 눈 뜨고 확

인해 봐. 귤이야.

아이 Let me try again. 다시 해 볼래요.

엄마 Okay, close your eyes tightly. No peeking. What's inside the box? 그래. 눈 꼭 감아. 몰래 보기 없기. 상자 안에 뭐가 있게?

**[연계 그림책]**

❖ My Presents (Rod Campbell)

생일날 받은 선물을 하나씩 열어보는 구성으로 되어 있는 그림책입니다. 주어진 설명을 보고 어떤 선물이 나올지 아이와 함께 이야기하고 추측해 볼 수 있습니다. 플랩을 들추며 어떤 선물인지 확인하고 그림과 연결 지어 일상 어휘를 익힐 수 있습니다.

**[연계 동요]**

❖ Mystery Box

상자 안에 어떤 물건이 있는지 맞혀 보는 내용의 동요입니다. 'What's inside the mystery box?'라는 문장이 반복되어 문장 패턴을 익히기에 좋습니다.

# 활동지 다운로드 사이트

### 트위스티 누들(Twisty Noodle)

필요에 따라 글꼴, 문장 등을 변경해서 출력할 수 있습니다. 색칠공부 도안, 따라 쓰기, 미니북 만들기 등 아이들과 활용할 수 있는 자료가 풍성합니다.

### 키즈 클럽(Kiz Club)

알파벳 따라 쓰기, 파닉스, 플래시 카드 등의 다양한 자료가 있습니다. 독후 활동에 활용할 수 있는 영어 그림책 워크시트도 많습니다.

### 슈퍼 심플(Super simple)

3,700만 명의 구독자를 보유하고 있는 유튜브 채널, 슈퍼 심플송의 홈페이지입니다. 슈퍼 심플송의 가사도 찾아볼 수 있고 동요를 듣고 활용할 수 있는 워크시트도 많습니다.

### 키도 워크시트(Kiddo worksheet)

이미 만들어져 있는 알파벳, 단어, 파닉스 관련 활동지도 풍성하고 워드 서치와 워드 스크램블, 매칭

리스트 등의 활동지도 간단히 만들 수 있습니다.

### ESL 쓰기 마법사(ESL Writing Wizard)

알파벳부터 단어, 문장까지 쓰기 연습 활동지를 직  접 만들 수 있습니다.

### 슈퍼스타 워크시트(superstar worksheet)

알파벳부터 파닉스, 사이트워드, 합성어 등 영어  관련 활동지뿐만 아니라 수학 등 다른 과목 관련 활 동지도 많습니다.

## 파닉스와
## 읽기 연습

### 파닉스 시작하기

"어머니, 7살이면 많이 늦었다는 거 아시죠?"

"네? 늦었다고요? 영어는 한글 먼저 한 다음에 시작해도 충분하지 않나요?

지인이 7살 외동아들을 데리고 집 근처 영어 학원에 상담을 갔습니다. 아이가 처음 영어를 접한다는 말에 상담하시던 분이 "7살이면 이미 늦었다."라는 말을 했다고 합니다. 이야기를 전해 들은 저 역시 어이가 없었습니다. 부모의 불안감을 부추기는 것이 사교육 시장의 마케팅 중 하나입니다. 그러나 7살밖에 되지 않은 아이에게 '늦었다'는 말은 도가 지나칩니다.

다른 곳에서 상담을 받은 후 지인 아들은 동네 작은 학원을 다니기 시작했습니다. 영어 학원에서 처음 배우기 시작한 것은 역시 파닉스였습니다. 며칠은 즐겁게 다녔지만, 학원에서 내주는 파닉스 숙제가 무척 어렵고 지루했나 봅니다. 아이는 숙제를 하다가 울음을 터트렸고 옆에서 숙제를 봐주던 지인도 벌컥 화를 내고 말았다고 합니다. 그동안 영어 소리를 많이 들어보지 못한 아이에게는 'dig, big, pig'와 같은 단어들을 듣고 음소(소리의 가장 작은 단위) 구분을 하는 숙제가 결코 쉽지 않았을 것입니다. 제대로 영어를 배우기도 전에 질려 버리겠다 싶어 그 학원은 곧 그만두었다고 합니다.

아이들이 우리말 소리를 충분히 들은 후에 한글을 천천히 깨치는 것처럼 영어도 파닉스 학습 전에 충분한 소리 노출이 필요합니다. 파닉스 학습은 듣고 말할 수 있는 단어와 표현들, 즉 구어로만 알고 있는 영어를 읽을 수 있도록 규칙을 배우는 것입니다. '내가 알고 있는 이 영어 단어는 이렇게 생겼구나.' 하는 깨우침이 있어야 합니다. 영어 소리를 넘치도록 듣지 않았고 알고 있는 영어 단어도 많지 않다면, 파닉스 학습은 굉장히 지루할 수밖에 없습니다. 파닉스 규칙을 힘들게 배워 단어나 문장을 띄엄띄엄 읽을 수 있다 해도 의미를 잘 파악하지 못합니다.

우리나라에서는 문자 교육을 서두르는 경향이 있습니다. 그러나 한글을 빨리 뗀다고 독서를 더 즐기거나 문해력이 좋은 것은 아니듯 영어도 마찬가지입니다. 유럽 선진 국가 중에는 우리나라와 달리 문자 교육을 학령기 이전에 전혀 하지 않는 나라가 많습니다. 핀란드와 독일에서는 취학 전 모국어 문자 교육(외국어가 아닌 모국어!)이 법으로 금지되어 있습니다. 뇌 발달상 학습할 준비가 되어 있지 않은 아이들에게 문자 교육은 득보다 실이 클 수 있습니다. 한글이든 영어든 문자 학습은 서두르지 마세요. 파닉스 학습을 시작하려면 아이가 문자 학습을 제대로 할 수 있는 단계인지 살펴보세요.

- 동영상, 그림책, 노래나 챈트 등을 통해 영어 소리에 매일 1시간 이상, 최소 1년 이상 꾸준히 노출되어 영어 소리를 친숙하게 받아들인다.
- 'dog, flower, light, run, make, happy' 등과 같이 일상생활에서 쓰이는 기본적인 영어 단어들을 300개 이상 이해하고 말할 수 있다.
- 우리말과 한글을 통해 소리와 문자의 관계를 이해하고 있다.
- 영어 문자에 호기심을 보이며 스스로 읽으려는 시도를 한다.

## 파닉스 학습 전

소리 노출이 충분히 되었고 기본적인 영어 단어들을 알고 문자에 관심을 보인다면 파닉스 학습을 시작해 볼 수 있습니다. 단, 여러 가지 발달상 한국 나이로 6살은 되어야 한다고 생각합니다.

미국의 신경 학자 폴 매클린(Paul Maclean)의 삼중 뇌 모델 이론에 따르면 인간의 뇌는 세 개의 층으로 되어 있습니다. 가장 안쪽에 있는 뇌간은 '생존의 뇌'로 태어날 때부터 이미 거의 완성된 상태입니다. 두 번째 층은 '감정의 뇌'로 불리는 대뇌변연계로 태어난 후 6세까지 집중적으로 발달합니다.

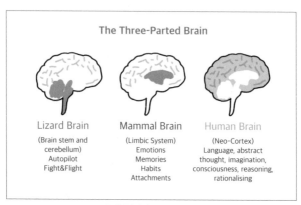

**The Three-Parted Brain**

| Lizard Brain | Mammal Brain | Human Brain |
| --- | --- | --- |
| (Brain stem and cerebellum) Autopilot Fight&Flight | (Limbic System) Emotions Memories Habits Attachments | (Neo-Cortex) Language, abstract thought, imagination, consciousness, reasoning, rationalising |

폴 맥클린의 삼중 뇌 모델 이론

　마지막 세 번째 층인 대뇌 피질은 '생각의 뇌'로 불리며 7세 정도는 되어야 어느 정도 성숙합니다. 생각의 뇌가 발달하지 않은 너무 어린 나이부터 문자 학습과 과도한 인지 학습을 한다면 아이의 뇌에 과부하가 걸리고 역효과가 날 수 있습니다. 그러므로 적어도 6세 전까지는 파닉스 학습보다는 소리 노출에 중점을 누길 권합니다. 충분한 소리 노출을 통해 아이가 영어 소리에 익숙해진 후, 파닉스 학습을 본격적으로 시작하기 앞서 아래 3가지를 해 두면 도움이 됩니다.

## 알파벳 이름 익히기

아이들은 비슷한 모양의 b와 d, h와 n, q와 p 등을 헷갈려 하고 s나 j의 방향도 헷갈려 합니다. 알파벳 대문자와 소문자의 이름을 전부는 아니더라도 어느 정도 알고 구별할 수 있어야 합니다. 알파벳 인지는 활동지 등을 이용하여 놀이처럼 하는 방법이 효과적입니다. 알파벳 관련 그림책도 여러 권 읽어 주시고 음원이 있다면 반복해서 들려주세요.

### 알파벳 관련 그림책

B Is for Box

Alphabet Ice Cream

Q is for Duck

I Spy An Alphabet In Art

Alpha Bugs

**알파벳 노래 듣기**

알파벳 26개의 음가를 미리 알고 있으면 파닉스를 조금 더 수월하게 시작할 수 있습니다. 알파벳 음가 관련 영상, 챈트, 노래 등을 적극적으로 활용해 보세요. 자투리 시간에 음원만 반복해서 들려주어도 아이들은 어느새 따라 부르는 경우가 많습니다. 유튜브에서 'alphabet song'이라고 검색하면 엄청나게 많은 알파벳 노래를 찾을 수 있습니다. 'phonics song'이라고 검색하면 파닉스 관련 노래들을 쉽게 찾을 수 있습니다.

**The Alphabet Swing**

**The Alphabet Chant**

**Phonics Song**

**알파벳 포스터 활용**

구글에서 'alphabet poster'를 검색하고 맘에 드는 포스터를 출력해서 식탁 앞에 붙여 놓으세요. 식사 시간 전후로 한 번씩 "A says 애애애 apple, apple B says 브브브 bear, bear C says 크크크 cat, cat" 이렇게 아이와 소리 내어 말해 보면 자두리 시간을 활용해 알파벳 음가를 익힐 수 있습니다.

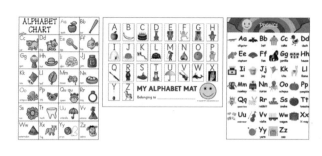

## 파닉스 교재 및 유용한 사이트

### 스마트 파닉스(Smart Phonics)

이퓨처 출판사에서 만든 스마트 파닉스는 총 5권으로 되어 있습니다. 한 권당 7~8개의 유닛 +리뷰로 구성되어 있고 플래시 카드와 보드게임판이 부록으로 들어있습니다. 앱을 설치하면 오디오를 들을 수 있고 여러 가지 파닉스 게임 도 할 수 있습니다.

### 파닉스 몬스터(Phonics Monster)

에이리스트 출판사에서 만든 파닉스 몬스터 는 총 4권으로 한 권당 9~10개의 유닛+리뷰로 구성되어 있습니다. 파닉스 학습 후 읽을 수 있 는 미니북과 보드게임판, 플래시 카드가 들어있

습니다. 앱을 설치하면 오디오를 듣거나 관련 영상을 볼 수 있습니다. 스마트 파닉스보다는 글자 크기가 크고 그림이 좀 더 많습니다. 글씨를 쓰는 대신 스티커를 붙이는 부분도 많습니다.

### 기적의 파닉스

길벗스쿨에서 출간된 기적의 파닉스는 총 3권으로 한 권당 8~9개의 유닛과 리뷰로 구성되어 있습니다. 미니북과 플래시 카드, CD가 들어있고 QR로도 오디오를 들을 수 있습니다. 스마트 파닉스나 파닉스 몬스터보다는 글자를 써넣는 부분이 많은 편입니다.

### 파닉스 관련 사이트 및 채널

#### 스파클 박스(Sparklebox)

회원 가입 없이 무료로 PDF 파일을 다운받고 출력할 수 있는 영국 사이트입니다. Literacy를 클릭하면 알파벳부터 파닉스까지 관련 플래시 카드, 미니북 만들기, 빙고 등의 많은 자료가 있습니다.

### 스타폴(Starfall)

 메인 화면에서 Kindergarten을 클릭해서 들어가면 블랜딩 연습, ebook 읽기 등을 놀이처럼 할 수 있는 미국 사이트입니다.

### 알파 블럭스(Alpha Blocks)

 알파벳 음가부터 블랜딩 연습까지 유튜브 영상 시청으로 자연스럽게 파닉스를 익힐 수 있는 유튜브 채널입니다.

### 슈퍼 심플 에이비씨(Super Simple ABCs)

 대문자와 소문자를 익히고 음가 연습, 워드 패밀리 읽기 연습을 할 수 있는 유튜브 채널입니다.

**파닉스와 읽기 연습 시간표 예시**

- 음원 흘려듣기: 알파벳, 파닉스 동요나 챈트 흘려듣기 20분 이상+영어 그림책/리더스북 음원 흘려듣기 30분 이상
- 활동지: 파닉스 활동지/사이트워드 활동지 20분
- 영상 시청: 알파 블럭스 등의 파닉스 영상 시청 20분+영어 영상 시청 20분

- 영어책: 영어 그림책 1권 이상+리더스북 소리 내어 읽기 3권 이상

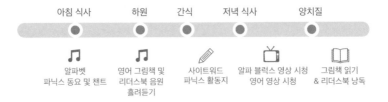

| 아침 식사 | 하원 | 간식 | 저녁 식사 | 양치질 |
|---|---|---|---|---|
| 알파벳 파닉스 동요 및 챈트 | 영어 그림책 및 리더스북 음원 흘려듣기 | 사이트워드 파닉스 활동지 | 알파 블럭스 영상 시청 영어 영상 시청 | 그림책 읽기 & 리더스북 낭독 |

## 단어 익히기

### 사이트워드 익히기

사이트워드(Sight Word)는 the, not, to, and처럼 영어책에 매우 자주 등장하는 단어들입니다. 파닉스 규칙을 따르는 것도 있고 그렇지 않은 것도 있습니다. 읽기 유창성을 높이려면 파닉스 학습과 더불어 사이트워드를 보자마자 읽어 낼 수 있도록 연습할 필요가 있습니다. 돌치 사이트(Dolch Sight Word)와 프라이 사이트워드(Fry Sight Word)가 많이 알려져 있습니다. 돌치 사이트워드 리스트를 살펴보면 총 220개 단어가 pre primer(유치원 전), primer(유치원), first(1학년), second(2학년), third(3학년)으로 나눠져 있습니다. 아래 사이트에서 돌치 사이트워드 리스트 및 플래쉬 카드, 사이트워드를 활용한 문장 모음, 오디오가 삽입된 PPT 자료 등을 무료로

다운받을 수 있습니다.

### 돌치 사이트워드 사이트

 사이트워드 익히기를 학습으로 진행하면 지루하고 질리기 쉽습니다. 놀이하며 자연스럽게 익히도록 워드 서치를 활용하는 방법도 있고 빙고 게임을 할 수도 있습니다. 단순한 온라인 게임으로 사이트워드를 익힐 수 있는 사이트들도 많습니다.

### 사이트워드 빙고 게임 사이트

 사이트워드를 듣고 빙고판의 카드를 클릭하여 가로나 세로 또는 대각선으로 한 줄을 만드는 게임

### 사이트워드 고양이 게임 사이트

 사이트워드를 듣고 그에 맞는 털실로 고양이를 폴짝 뛰게 하는 게임

뒤집혀 있는 카드를 클릭하여 보고 기억한 후 같은 사이트워드 한 쌍을 찾는 게임

## 기본 단어 익히기

엄마표 영어 시간표를 실천하며 영어 노출을 꾸준히 이어가면 아이가 알게 되는 단어와 표현들이 쌓이기 시작합니다. 아이 성향에 따라 아웃풋이 나오기도 합니다. 그럼 엄마 아빠는 "happy가 무슨 뜻인데?"라고 묻거나 "'좋은 꿈 꿔'는 영어로 뭐라고 해?"라는 질문을 하기도 합니다. 그러나 그런 질문은 하지 않는 편이 낫습니다. 아이는 영어 단어나 문장을 우리말로 해석해서 알고 있는 것이 아닙니다. 그저 '아, 이런 상황에서는 이렇게 말하는 거구나.'를 천천히 알아가고 있는 단계입니다. 아이가 상황에 맞게 단어나 표현을 쓰고 있다면 그걸로 충분합니다.

저희 딸이 한창 자주 썼던 표현이 "You are silly!"였습니다. "Silly Mom."이란 말을 저에게 쓰기도 했습니다. 남편은 저에게 "silly가 뭐야?"라고 물었지만 저는 피식 웃기만 했습니다. silly를 사전에서 찾아보면 '(형용사) 1. 어리석은, 바보 같은 2. 우스꽝스러운, 유치한, 철없는 (명사) 바보'라고 나옵니다.

어른에게 어리석다고 하면 버릇없게 들리지요? 하지만 silly는

---

**영어사전**　　　　　　　　　　　　　　　　　　다른 어학정보 2 ∨

# silly　　　　　　　　　　　　　　　　　　　　　　　∧

미국·영국 [ˈsɪli] 🔊 영국식 🔊

(형용사)
**1** 어리석은, 바보 같은 (=foolish)
　a **silly** idea 🔊
　어리석은 생각
**2** 우스꽝스러운, 유치한, 철없는 (=ridiculous)
　a **silly** sense of humour 🔊
　유치한 유머 감각

(명사)
**1** 바보(보통 제대로 행동을 하지 않는 아이들에게 하는 말)
　No, **silly**, those aren't your shoes! 🔊
　아냐, 바보야, 그건 네 신발이 아니잖아!
영어사전 다른 뜻 2

---

가까운 사이에서 가볍게 놀리듯이 쓸 수 있는 단어입니다. 페파피그(Peppa Pig)에서도 페파가 아빠 돼지에게 툭하면 "Silly Daddy!" 라고 놀립니다. 아이들 책에도 silly라는 단어가 자주 등장합니다. silly를 그저 우리말 뜻과 1:1로 대응해서 '어리석은'이라고 외우기만 하고 어감은 모른다면 이 단어를 적절하게 쓰지 못합니다.

　우리나라 성인들이 영어 말하기와 듣기에 약한 이유가 뭘까요? 여러 가지 이유 중 하나는 단어나 표현의 정확한 발음과 어감, 그리고 언제 그 표현을 쓸 수 있는지 제대로 알지 못하기 때문입니다. 그래서 우리말 뜻을 알고 있는 단어나 표현들도 자신 있게 말하지 못하고 들었을 때 이해하지 못하는 경우가 많습니다. 학창 시절에 영어 단어 외운다고 아무 맥락 없이 철자 한 번 쓰고 뜻 한 번 쓰면서 깜지 만들기 했던 기억 있으시죠? 저도『우선순위 영단어』라는 책으로 열심히 깜지를 만들었던 기억이 있습니다.

'영어'라는 언어로 좀 더 자유롭게 의사소통하기 위해 필요한 건 단어를 우리말 뜻과 1:1로 대응하며 외우는 것이 아닙니다. 영어 소리를 충분히 들으며 영어라는 '언어'가 가진 특징, 예를 들어 한국어와는 달리 한 단어 안에 강세가 있는 부분과 그렇지 않은 부분이 있다는 것, 한 문장 내에서 단어들의 높낮이 변화(Intonation)가 크다는 것 등을 암묵적으로 체득해야 합니다. 맥락(context)을 파악하며 그 단어나 표현이 가진 '어감'을 차츰 알아가야 합니다.

조승연 작가는『플루언트』에서 "때, 장소, 사용자에 따라 달라지는 단어의 의미를 문장의 맥락을 따라 이해할 수 있는 능력은 어떤 외국어를 배우건(모국어도 마찬가지) 반드시 필요한 센스다. 누구도 이 능력부터 갖추지 않으면 그 언어로 제대로 소통할 수 없다. 바로 이것이 영어를 공부하면서 단어를 무조건 암기하려고 들면 오히려 올바른 어휘 능력을 기를 수 없는 이유다."라고 말합니다.

영어로 제대로 소통하기 위해 아이들에게 필요한 건 맥락이 있는 소리 노출입니다. 영어 그림책 읽어 주기, 영어 영상 보여 주기, 영어 놀이 등을 통해 소리 노출을 꾸준히 해 주어야 합니다. 그러기 위해서는 매일 실천할 수 있는 엄마표 영어 루틴이 있어야 합니다.

## 읽기 연습

### 파닉스북과 리더스북

파닉스 학습을 시작한 후에는 배운 규칙을 적용하며 읽기 연습을 해야 합니다. 그래서 대부분의 파닉스 교재에는 읽기 연습용 소책자가 포함되어 있거나 읽기 자료를 추가적으로 제공합니다. 이외에도 파닉스북과 리더스북을 활용하는 편이 좋습니다. 파닉스북은 한두 가지 파닉스 규칙을 알면 읽어 낼 수 있는 쉽고 간단한 문장들로 구성된 책입니다.

〈Biscuit Phonics Fun〉 시리즈를 예로 들면 단모음 a(short vowel a)에 해당하는 책에 "The cat ran to the mat."이라는 문장이 나옵니다. 단모음 a가 들어간 단어인 cat, ran, mat과 사이트워드인 the, to로 이루어진 문장으로 알파벳 음가와 단모음 a를 배운 후라면 위 문장을 천천히 읽어 낼 수 있습니다.

비스킷 파닉스 펀

페파피그 파닉스

퍼피 구조대 파닉스

리더스북은 읽기 연습을 위해 단계별로 나눈 책입니다. 옥스포드 리딩 트리(Oxford Reading Tree), 줄여서 오알티(ORT)라고 불리는 영국에서 만들어진 리더스북 시리즈가 많이 알려져 있습니다. 이외에도 아이 캔 리드(I Can Read), 스텝 인투 리딩(Step into Reading), 레디 투 리드(Ready to Read), 스콜라스틱 리더(Scholastic Reader) 등 다양한 시리즈가 있습니다. 리더스북이지만 그림책으로도 활용할 수 있는 엘리펀트 앤 피기(Elephant and Piggie) 시리즈도 아이들에게 반응이 좋은 책입니다.

옥스포드 리딩 트리(Oxford Reading Tree)

스텝 인투 리딩(Step Into Reading)

엘리펀트 앤 피기(Elephant and Piggie)

쉬운 문장으로 이루어진 파닉스북이나 리더스북이라도 아이의 성향에 따라 소리 내어 읽기 전 단계가 필요할 수 있습니다. 완벽주의 성향이 강한 아이들은 소리 내어 읽다가 혹시 실수할까 봐 입을 떼지 않기도 합니다. 아직 충분한 소리 노출이 되지 않아서 읽기 전 준비 단계가 필요한 경우도 있습니다. 저희 아이도 소리 내어 읽기 연습을 하다가 발음이 꼬이거나 틀리면 저에게 책을 넘기고 대신 읽으라고 했습니다. 엄마 앞에서 술술 읽고 싶은데 뜻대로 안 되니 짜증이 나서 그런 듯했습니다. 그래서 한글을 알려줄 때처럼 아이가 눈으로는 글자를 보고 귀로는 소리를 들을 수 있도록 천천히 리더스북을 읽어 줬습니다.

아침저녁 흘려듣기 시간에 CD로 반복해서 소리만 들려주었습니다. 그다음 잠자리 독서 시간에 아이가 소리 내어 읽도록 격려하고 무조건 칭찬해 주었습니다. 아이가 무척 좋아했던 〈엘리펀트 앤 피기〉 시리즈는 대화체로 되어 있어서 역할극을 종종 했습니다. 먼저 여러 번 읽어 주고 유튜브 리드 어라우드(Read aloud) 음원도 꾸준히 들려준 후, 아이가 피기(돼지), 제가 제럴드(코끼리) 역할을 맡아서 함께 읽기를 했습니다.

한글을 읽을 수 있게 된 것처럼 영어도 더디긴 했지만, 어느 순간 혼자 읽게 되었습니다. 예전에 읽어 줬던 그림책을 꺼내 들고 "엄마! 나 이제 이 책 혼자 읽을 수 있다!"며 자신감 있게 소리 내어 읽는 아이의 모습을 보니 엄마표 영어의 작은 돌부리를 또 하나 넘었구나 하는 생각이 들었습니다.

리더스북도 종류가 아주 다양하니 아이가 좋아할 만한 시리즈를 찾아 매일 천천히 소리 내어 읽게 해 주세요. 필요하다면 엄마가 먼저 읽어 주거나 음원을 충분히 들려준 후 소리 내어 읽기를 격려해 보세요. 칭찬 스티커 판을 다 채우면 작은 선물을 주기로 약속하고 책 한 권을 소리 내어 읽을 때마다 칭찬 스티커 한 장을 주는 것도 방법입니다. 읽은 책의 권수를 직접 눈으로 확인할 수 있고 다 채우면 선물도 받을 수 있으니 아이에게 동기 부여가 됩니다. 또한 아이가 책을 낭독할 때 녹음한 후 들려주는 것도 읽기 연습을 유도할 수 있는 방법 중 하나입니다. 읽기 연습을 꾸준히 하도록 이끌어 주면 아이가 영어 소리와 문자의 관계를 터득하며 영어 문장을 읽을 수 있는 순간이 분명 옵니다.

# 온라인 도서관 활용하기

하루에 2~3권씩 매일 리더스북을 읽으려면 한 달에 60~90권 정도의 책이 필요하겠죠? 리더스북을 모두 구매하거나 대여하기가 부담스럽고 번거롭다면 온라인 영어 도서관도 활용해 보세요. 적게는 한 달에 몇천 원부터 많게는 3만 원대의 이용료가 있는 온라인 도서관은 활용만 잘 한다면 가성비가 좋습니다.

### 에픽(Epic)

 에픽은 2013년에 만들어진 미국 온라인 도서관입니다. 250여 개의 출판사에서 나온 4만 권이 넘는 영어책과 교육용 영상, 오디오북을 이용할 수 있습니다. AR 지수, 주제, 나이 필터로 아이 수준과 관심사에 맞는 책을 고를 수 있습니다. Read to Me 표시가 있는 1만여 권의 책들은 워드 하이라이트(Word Highlight) 기능으로 짚어 주는 단어를 보며 오디오로 들을 수 있습니다. 책을 다 읽고 난 후에는 내용을 이해했는지 확인하는 퀴즈가 나옵니다. 베이직 플랜으로는 하루에 한 권만 무료로 이용할 수 있습니다. 무제한으로 책을 읽으려면 월간 회원은 1만 6천 원 정도(11.99USD), 연간 회원은 한 달에 9천 원 정도(6.67USD)의 비용이 듭니다.

### 라즈 키즈(Raz Kids)

 라즈 키즈는 미국 교육 콘텐츠 회사인 Learning A-Z에서 운영하는 온라인 도서관입니다. 2천 6백여 권의 전자책이 29개의 레벨(aa-z2)로 나눠져 있고 학년과 렉사일 지수 필터를 사용해 책을 고를 수도 있습니다. 모든 책에 오디오가 포함되어 있고 하이라이트되는 단어를 보며 오디오로 들을 수 있습니다. 소리 내어 읽으며 녹음할 수 있고 마지막에는 퀴즈가 나옵니다. 1년 이용료가 3만 6천 원으로 아주 저렴합니다.

### 리딩 게이트(Reading Gate)

 리딩 게이트는 우리나라에서 만든 온라인 도서관 프로그램입니다. 20개의 레벨로 나눠진 5천 8백여 권의 전자책을 볼 수 있습니다. 책 속 중요 단어를 정리한 리스트도 다운받아 출력할 수 있습니다. 레벨이 낮은 책에는 책을 영상으로 만든 무비북과 독후 활동지도 포함돼 있습니다. 모든 책을 오디오로 들을 수 있고 낮은 레벨의 책들은 오디오를 듣고 난 후 다시 한 문장씩 들으며 소리 내어 읽고 녹음할 수 있습니다. 리스닝, 단어, 내용 확인, 쓰기 테스트 등 독후에 풀어야 할 문제의 개수가 많은 편입니다. 한 달 이용료는 3만 원, 1년 이용권은 24만 원입니다.

### 리딩앤(ReadingN)

 리딩앤은 우리나라에서 만든 온라인 도서관 프로그램입니다. 리더스북 시리즈로 인기가 많은 옥스퍼드 리딩 트리(Oxford Reading Tree) 300여 권과 콜린스 리더스북 600여 권 등 2천여 권의 전자책을 볼 있습니다. 책 읽기 전후로 어휘 학습, 오디오로 듣기, 소리 내어 읽기 등 5단계 학습 기능이 들어있습니다. 1년 이용료는 28만 9천 원입니다.

**Q. 전자책 사용은 괜찮을까요? 아니면 종이책을 봐야 할까요?**

그림책은 그림과 표현 방식, 판형 등이 중요한 요소이고 천천히 음미하듯 봐야 합니다. 그래서 구매를 하든, 대여를 하든 가능한 한 종이책으로 보여 주는 편이 좋습니다. 매일 몇 권씩 읽으며 다독을 해야 하는 리더스북은 온라인 도서관에 있는 전자책을 활용하는 것도 방법입니다.

**Q. 그림책 고르기가 힘들어요. 그림책 고르는 팁을 주세요**

우선, 아이가 어떤 이야기 취향을 가지고 있는지 파악해 보세요. 그림이 아름다운 책을 좋아하는지, 반전이 있는 이야기를 좋아하는지, 플랩북이나 팝업북을 특히 좋아하는지 등등이요. 어떤 작가의 그림책을 특히 좋아하는지도 파악해 보세요. 온라인 서점 사이트에 있는 주제별, 연령별, 난이도별 등의 필터도 책을 고를 때 활용해 보세요. 책 미리 보기로 속지도 꼼꼼히 살펴보고 다른 분들이 쓰신 책 리뷰도 참고해 보세요. 그렇게 아이가 좋아할 만한 그림책을 한 권 한 권 고르다 보면 어느 순간 아이 취향의 그림책을 고르는 일이 수월해집니다.

**Q. 영어 그림책을 읽어 줄 때 우리말은 절대 쓰면 안 되나요?**

당연히 쓰셔도 됩니다. 특히 아이가 알고 있는 영어 단어도 거의 없는 엄마표 영어 초반에는 책에 있는 영어 문장만 딱 읽어 주지 마시고 그림 여기저기를 짚으며 우리말로 얘기해 주시면 좋습니다(물론 영어로 해 주셔도 좋습니다). "곰돌이 진짜 귀엽다, 여기 하트가 있네, 얘는 왜 화가 났지?" 이런 식으로 책을 읽는 동안 아이의 흥미와 호기심을 북돋아 주세요.

**Q. 정말 영어책 읽어 주기와 영상 보여 주기만으로 아이가 영어를 읽을 수 있게 되나요?**

영어책 읽기 독립은 단시간에 뚝딱 이루어지는 일이 아닙니다. 영어책만 읽어 준다고, 또는 영상만 보여 준다고 갑자기 책을 술술 읽게 되는 경우는 흔치 않습니다. 유창하게 읽기 위해서는 많은 시간과 연습이 필요합니다. 다만 꾸준히 영어책을 읽어 주고 영어 영상을 보여 준 경우라면 보다 수월하게 읽기를 시작할 수 있습니다. 이미 영어 소리에 충분히 익숙해져 있고 영어 문자도 친숙하게 느끼기 때문입니다. 아이가 문자와 소리의 관계를 깨닫고 스스로 읽으려는 시도를 할 때, 파닉스와 사이트워드를 정리해서 알려 주세요. 이와 더불어 넘치도록 읽어야 유창성과 문해력을 키울 수 있습니다.

## Q. 기본 단어를 익히게 하는 방법이 있을까요?

영어 단어를 우리말 단어와 1:1로 대응시키며 뜻을 외우게 하는 방법은 추천하지 않습니다. 슈퍼 심플송처럼 이미지와 소리가 매치되는 단순한 동요 영상을 자주 보여 주세요. 그림과 영어 문장이 매치되는 그림책을 읽어줄 때 그림을 손으로 짚어 주는 것도 좋은 방법입니다. 아이가 좋아한다면 What's missing?처럼 단어 플래시 카드를 이용한 놀이나 숨은그림찾기 등도 효과적입니다. 이렇게 꾸준히 해 주다 보면 아이가 구어(들어서 이해하고 말할 수 있는)로 알게 되는 단어들이 점차 늘어납니다.

## Q. 사이트워드를 먼저 해야 할까요? 파닉스를 먼저 해야 할까요?

순서는 큰 상관이 없습니다. 알파벳 음가를 알려 주면서 사이트워드도 하루에 몇 개씩 익힐 수 있도록 해 주세요. 학습 순서보다 중요한 것은 파닉스와 사이트워드를 익힐 때 반드시 읽기 연습을 조금씩이라도 병행해야 한다는 것입니다. 파닉스를 통해 익힌 규칙을 적용하고 눈으로 익힌 사이트워드를 읽어 내며 문장을 소리 내어 읽도록 이끌어 주세요.

**에필로그**

어느 날 남편에게 하소연을 한 적이 있습니다.

"여보, 있잖아. 나 학교 다닐 때 공부 좀 더 열심히 할걸. 그런 생각이 드네. 에휴, 20대 때는 술 좀 적당히 마실걸 그랬어."

"당신처럼 자꾸 '~할걸!'이라고 말하는 사람을 뭐라고 하는지 알아?"

"몰라, 뭐라고 하는데?"

"걸무새!"

약이 오르기도 했지만 피식 웃음도 나왔습니다. 이미 지나간 일에 대해 걸무새처럼 '~할걸, ~할걸'거리며 후회한들 무슨 소용이 있을까요? 그러나 아이를 키우면서 후회와 아쉬움이 전혀 없는 엄마는 아마 없을 것입니다. 딸아이 얼굴을 물끄러미 바라보며 가끔 생각합니다.

'아이고, 언제 이렇게 컸지. 시간이 바람처럼 지나갈 줄 알았다면 너무 전전긍긍하지 말고 더 많이 안아줄걸. 사랑한다고 더 많이 말해 줄걸….'

물론 후회와 아쉬움만 있는 건 아닙니다. 하루가 다르게 몸과 마음이 쑥쑥 자라는 아이를 보며 엄마로서 잘했다고 생각하는 3가지를 떠올려 봅니다.

첫 번째는 아이가 어렸을 때부터 매일 밤 책을 읽어 준 것입니다. 함께 책을 읽는 시간은 부모가 물려 주는 가장 큰 유산이라고 믿기에 매일 밤 아이에게 책을 읽어 주었습니다. 덕분에 아이는 책을 사랑하고 독서를 즐기는 사람으로 자라고 있습니다.

두 번째는 5살 때부터 취침 시간을 9시로 정하고 규칙적인 생활 습관을 만들어 준 것입니다. 아이는 초등학교에 입학해서도 하루 9시간 30분~10시간씩 충분히 잡니다. 낮 동안 호기심 가득 찬 눈으로 열심히 공부하고 열심히 놉니다.

세 번째는 취학 전 엄마표 영어를 시작하여 몇 년간 영어 노출을 해 준 것입니다. 아이의 성향과 기질에 맞게, 그리고 저희 집 상황에 맞게 매일 2~3시간씩 영어 노출을 해 주었습니다. 아이는 편안한 집에서 자연스럽게 영어를 접했습니다. 덕분에 여전히 영어책과 영상을 보는 일이 일상이고 영어를 잘한다는 자신감도 있습니다.

사실 저는 체력도 약하고 그릇도 크지 않은 사람입니다. 그런 제가 매일 밤 아이에게 책을 읽어 주고 엄마표 영어를 몇 년간 지속할 수 있었던 것은 나름의 소신과 엄마표 영어 루틴 덕분이었습니다. 다른 사람들 말에 휘둘리지 않았고, 옆집 아이와 내 아이를 비교하지 않았습니다. 단순한 엄마표 영어 루틴을 만들고 저도 아이도 규칙적인 생활을 하며 실천해 왔습니다.

우리 집 상황에 맞게 각자의 속도로 느리더라도 멈추지만 않는다면 아이와 엄마가 함께 성장하는 엄마표 영어를 할 수 있다고 믿습니다. 영어가 아이 인생에 걸림돌이 아니라 디딤돌이 되길 바란다면 영어 소리 노출이라는 가랑비를 내려 주고 햇살을 비춰 주세요. 어느 순간 아이의 영어가 싹트고 꽃필 거예요. 그 꽃이 개나리든, 장미든, 해바라기든 반갑고 예쁘겠지요?

우리 인생이 한 권의 책이라면 아이를 낳은, 평생 잊지 못할 그 순간이 바로 새로운 챕터의 시작이 아닐까 싶습니다. 아이를 키우는 동안 그 챕터에서 나는 어떻게 그려지고 있을지 가끔 생각해 봅니다. 마음에 품은 뜨거운 무언가를 위해 여전히 노력하는 한 사람으로 그려지고 있다면 좋겠습니다. 마지막으로 '우리는 과연 무슨 인연이었을까?' 전생까지 궁금하게 만드는 나의 딸, 호기심으로 반짝이는 눈이 예쁜 나의 딸, 이안에게 사랑과 감사의 말을 전합니다.

**평생 영어
자신감**
4~7세에
만들어집니다

**평생 영어 자신감 4~7세에 만들어집니다**
영어 뇌를 최적화하는 골든타임 엄마표 영어 코칭

**초판 1쇄 발행** 2024년 2월 16일

**지은이** 고윤경(띵동 영어 재키쌤)
**펴낸이** 민혜영
**펴낸곳** (주)카시오페아 출판사
**주소** 서울시 마포구 월드컵북로 402 KGIT센터 9층 906호
**전화** 02-303-5580 | **팩스** 02-2179-8768
**홈페이지** www.cassiopeiabook.com | **전자우편** editor@cassiopeiabook.com
**출판등록** 2012년 12월 27일 제2014-000277호

ISBN 979-11-6827-176-0 03590

- 잘못된 책은 구입하신 곳에서 바꿔 드립니다.
- 책값은 뒤표지에 있습니다.